공부가 즐거워지는 웹&앱 33 활용방법

스마트한 원격수업

권세윤, 김미진, 신혜진, 김미경
주혜정, 김윤이, 김묘은, 박일준 지음

BM (주)도서출판 성안당

기획의도

4차 산업혁명과 인공지능 기술 발전의 영향으로 지식사회가 급속히 무너지고 일자리가 변화하고 있습니다. 우리 아이들은 앞으로 어떻게 살아가야 할까요? 과거는 '정답'이 있는 사회였습니다. 선배들이 닦아온 길을 따라가기만 하면 되었죠. 다가올 미래는 '해답'이 필요한 사회입니다. 이러한 사회에 아이들이 갖춰야 할 것은 '창의적 문제해결 능력'입니다.

큰 교육 혁신의 과제가 주어진 상황에서 COVID-19가 온 지구촌을 덮쳤습니다. 준비되지 않은 상황에서 갑작스럽게 원격 수업을 하게 되었고, 여러 문제에 직면하게 되었습니다. 기기, 네트워크, 교사와 학생의 디지털 수용성 그리고 기술 활용 역량 등 COVID-19 이전에 이미 실천해야만 했던 혁신을 미뤄온 대가를 톡톡히 치르고 있지요.

이런 상황에서는 어려움을 호소하는 사람과 남을 탓하는 사람이 있기 마련입니다. 난관을 극복하기 위해서는 비판보다 작은 실천이 필요하다는 생각을 바탕으로 이 책을 만들었습니다. 기기 부족 문제나 네트워크 문제는 정부의 예산, 각 가정의 경제 환경과 직결되기 때문에 단기간에 해결하기 힘듭니다. 사람의 수용성이나 기술활용 역량 역시 짧은 기간 극복하기에는 무리가 있습니다. 단기간 내에 우리가 찾을 수 있는 해법은 우리 주변에 가장 흔한 자원인 스마트폰과 스마트패드를 사용하거나 유용한 소프트웨어를 활용하는 것입니다. 새로운 투자 없이 기존의 자원을 잘 활용하는 것만으로도 효과를 거둘 수 있습니다.

이 책에 있는 33개의 도구들은 (사)디지털리터러시교육협회가 수업 및 자기계발을 위해 활용하는 150여 개의 도구 중 원격 수업에 가장 유용한 것들을 엄선한 것입니다. 이 디지털 도구들을 잘 활용하면 원격 수업이 즐거워지고, 학생 참여도도 향상될 것입니다. 이 책은 원격 수업을 지원하기 위해 기획되었지만, 추천된 33개 도구들은 등교 후 일반 수업에서도 얼마든지 활용할 수 있습니다.

한국인에게는 위기를 기회로 바꾸는 DNA가 있습니다. 이미 실천해야 했을 교육 혁신을 COVID-19에 떠밀려서 하게 되었지만, 대한민국 교육 변화의 마지막은 창대하리라 생각합니다. 이 책이 교육계의 디지털 혁신에 마중물이 되기를 바랍니다.

이 책은 원격 수업뿐 아니라 스마트 교실에서 할 수 있는 활동으로 이루어졌습니다. 이 책에 소개된 33개의 디지털 도구와 활용 방법을 혼합하여 잘 사용한다면, 수업을 효과적, 효율적으로 진행할 수 있을 것입니다.

이 책에 소개한 33개의 도구는 창작, 분석, 탐구 활동을 위한 것입니다. 이 중 21개는 창작 활동을 위한 도구로 디지털 회화, 컴퓨터 그래픽, 3D, 영상, 3D 애니메이션, 캐릭터, 이모티콘, 음원, 디지털 북, 카드 뉴스 등의 결과물을 만들어 낼 수 있습니다. 교과별 수업뿐 아니라 융합 수업으로도 활용할 수 있는 도구입니다. 이 책의 예시처럼 여러 가지 도구를 복합적으로 사용한다면, 더욱 풍성한 활동과 수업 결과물을 만들어 낼 수 있습니다.

나머지 12개는 분석과 탐구 활동을 위한 도구입니다. 데이터 분석, 사이버 견학, 협업, 아이디어 정리, 발표 자료 작성, 파일 공유, 스마트폰의 웹캠 사용, 스마트폰 데스크톱 미러링 등 분석 및 탐구 활동에 도움이 되는 도구들이 포함되어 있습니다. 여기에는 협업을 위한 클라우드, 스마트폰이나 스마트패드를 웹캠 대신 사용할 수 있는 도구, 스마트폰을 데스크톱 화면으로도 볼 수 있는 도구 등 원격 수업에 필요한 도구들이지요.

창작 활동 도구의 경우, 개요, 사용 방법, 활용 예시, 티칭 팁으로 구성되어 있습니다. 사용 방법을 보며 따라 해 보고, 티칭 팁을 보며 수업에 적용하여 학생들과 활용 예시와 같은 결과물들을 만들어 내시길 바랍니다. 분석 및 탐구 활동 도구의 경우에도 사용 방법과 티칭 팁을 수업에 적용해 보시길 바랍니다.

이 책을 통해 수업하는 분들을 위해 수업에 필요한 활동지와 도구 설명 영상을 제공해드립니다. http://www.bit.ly/33mwa에서 수업에 활용할 수 있는 활동지를 다운로드해 사용하시고, 도구 설명 영상도 활용하시기 바랍니다. 해당 사이트는 이 책을 구입한 분에게 제공하는 것이므로 디지털리터러시교육협회의 사전 동의 없이 사이트 URL과 내용을 유포해서는 안 되며, 이 책의 독자가 아닌 사람이 활동지를 다운로드해 사용하거나 영상을 활용하면 법적인 제재를 받을 수 있습니다.

PART 1. 창작 활동을 위한 모바일 웹 & 앱

PART 2. 분석 및 탐구 활동을 위한 모바일 웹 & 앱

PART 1
창작 활동을 위한 모바일 웹 & 앱

ibis Paint X

GoArt

PicsArt

AutoDraw

miricanvas

Adobe Photoshop Mix

Snapseed

CoSpaces Edu

3DC.io

VLLO

멸치

Toontastic 3D

FaceApp

나의 최애캐

MojiPop

Meitu

musiclab

Garage Band

Walk Band

BookCreator

Q카드뉴스

그림 그리고 색칠할 땐, 이비스 페인트!

이비스 페인트를 사용하면 그림을 배운 적이 없어도 누구나 멋진 그림을 그릴 수 있습니다. 이비스 페인트가 드로잉이나 회화를 배운 적이 없고 손놀림이 미흡해도 부족한 실력을 메꿔 주거든요. 또한 다양한 브러시와 필터를 이용하여 유화, 수채화, 수묵화, 파스텔화, 목탄화 등 멋진 회화 작품을 만들 수 있어요. 완성한 작품을 혼자 보기 아깝다면 소셜미디어에 공유해 자랑할 수도 있습니다.

이비스 페인트 사용 방법을 배워 멋진 식물 도감을 그려 보아요!

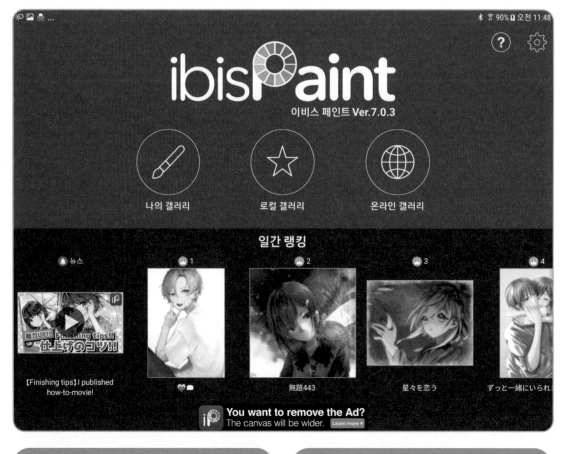

이비스 페인트를 실행하면 나의 갤러리, 온라인 갤러리에서 저장한 작품만 모아 놓은 로컬 갤러리, 다른 사람들의 작품을 감상할 수 있는 온라인 갤러리와 일간 랭킹을 확인할 수 있어요.
작품을 제작하기 위해 **나의 갤러리**를 선택해 주세요.

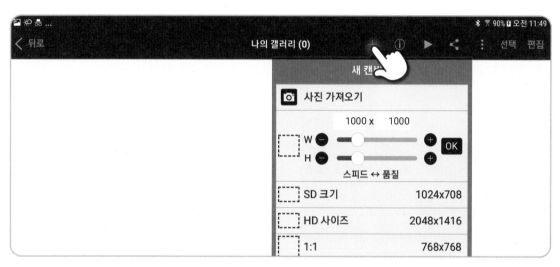

위쪽의 **+** 버튼(새 캔버스)을 클릭한 후 원하는 캔버스의 크기를 선택해 주세요. 원하는 크기가 없다면 직접 입력해도 됩니다.

위쪽 오른쪽의 **선택영역** 도구를 클릭하면 위와 같이 추가 메뉴가 나와요.
① **선택영역 삭제** 선택을 해제해요.
② **선택영역 뒤집기** 선택영역을 반전시켜요.
③ **레이어 제거** 레이어에 작업한 것을 지워요.
④ **투명도 선택** 투명도를 선택해요.
⑤ **잘라내기** 선택한 부분을 잘라 내요.
⑥ **복사** 선택한 부분을 복사해요.
⑦ **붙여넣기** 잘라 내거나 복사한 것을 붙여 넣어요.

손 모양인 **안정** 도구를 클릭하면 추가 메뉴가 나와요.
① **손떨림 방지** 손 떨림에 의해 선이 흔들리는 것을 방지해 줘요.
② **강제 페이드** 활성화하면 시작 길이, 마지막 길이, 페이드 모양을 선택할 수 있어요. 이 기능으로 선의 시작과 끝의 길이와 모양을 조절할 수 있어요. 이때 브러시 설정에서 브러시 양끝의 두께와 투명도를 낮추면 더욱 좋은 효과를 얻을 수 있어요.
③ **메소드** 실시간으로 적용할 것인지, 완료 후 손을 뗀 이후에 적용할 것인지 선택할 수 있어요.
④ **그리기 도구** 직선, 사각형, 원, 다각형, 곡선 등을 쉽게 그릴 수 있어요.

눈금자 도구를 클릭하면 왼쪽과 같은 메뉴가 나와요.
① **자** OFF를 선택하면 자 기능이 활성화되지 않아요. 직전 자, 정원 자, 타원 자, 방사형 자를 선택해 선을 쉽게 그릴 수 있어요.
② **대칭자** 거울처럼 반대쪽에도 적용되는 도구에요. 좌우 대칭, 만화경, 회전, 일반 배열, 원근법 배열 형태로 적용할 수 있어요.

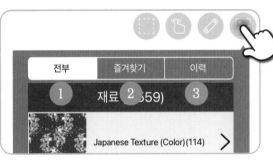

재료 도구를 클릭하면 왼쪽과 같은 메뉴가 나와요.
① **전부** 모든 재료를 보고 원하는 재료를 다운로드 한 후 사용할 수 있어요. 자물쇠가 표시된 재료는 유료 이용자만 사용할 수 있어요.
② **즐겨찾기** 왼쪽 위에 있는 ☆을 클릭하면 즐겨찾기를 할 수 있어요.
③ **이력** 사용했던 재료 이력을 보여줘요.

다음은 아래에 있는 도구를 설명할게요.
① **브러시/지우개 크기 및 투명도** 브러시/지우개의 크기와 투명도를 조절할 수 있어요.
② **브러시/지우개** 클릭 한 번으로 브러시 또는 지우개로 쉽게 바꿀 수 있어요.
③ **도구 속성** 브러시/지우개 속성을 바꿀 수 있어요.
④ **색상** 색상 팔레트에서 원하는 색을 선택할 수 있어요.
⑤ **전체화면 보기** 도구 화면을 가리고, 캔버스만 전체화면으로 볼 수 있어요.
⑥ **실행취소** 실행을 취소하고 이전 단계로 돌아가요.
⑦ **다시 실행** 취소한 작업을 다시 실행해요.
⑧ **레이어** 레이어를 볼 수 있어요.
⑨ **저장/갤러리로 돌아가기** 작품을 저장하고 갤러리로 돌아가요.

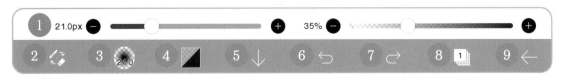

왼쪽에 있는 도구를 설명해 드릴게요.

① **변환 도구** 레이어를 이동하거나, 크기를 조절하거나, 회전시킬 수 있어요. 이때 반복기능을 활성화하면 반복 패턴이 만들어져요. 원근감을 적용할 수도 있고, 그물망 형태로 분할하여 변환시킬 수도 있어요. 보간 기능을 활성화하면 테두리 픽셀이 부드럽게 만들어져요.

② **자동 선택** 비슷한 색상 영역을 선택해요.

③ **올가미** 자유롭게 드래그하여 원하는 영역을 선택할 수 있어요.

④ **필터** 생삭 조정, 블러, 스타일, 드로우, 인공 지능, 아티스틱, 픽셀화, 변형하기, 프레임 등 다양한 필터 효과를 적용할 수 있어요.

⑤ **브러시** 기본으로 제공하는 다양한 브러시와 직접 브러시를 만들거나 기본 브러시 속성을 수정하여 보관하는 사용자 지정 브러시로 구분되어 있어요. 광고를 시청하면 유료 브러시도 이용할 수 있어요.

⑥ **지우개** 굵기와 투명도를 조절하여 지울 수 있어요.

⑦ **손가락** 문지르는 효과를 줄 수 있어요.

⑧ **흐림 효과** 초점이 흐려지는 효과를 줄 수 있어요.

⑨ **페인트통** 원하는 색을 선택한 후 원하는 영역을 클릭하면 색을 채울 수 있어요.

⑩ **문자** 텍스트를 추가할 수 있어요. 서체, 크기, 스타일, 배경색, 자간, 텍스트 방향 등을 설정할 수 있어요. 문자를 입력하면 레이어가 추가되는데, 이렇게 추가된 레이어는 변형이나 필터 등의 효과를 줄 수 없어요. 만약 이러한 효과를 주려면 비트맵 이미지로 변경해야 해요. 비트맵 이미지로 변경하면 텍스트를 수정할 수 없어요.

⑪ **프레임 분할** 프레임을 생성, 분할할 수 있어요. 만화 제작 시 이용하면 편리해요.

⑫ **스포이드** 캔버스에 있는 색상을 추출할 수 있어요.

⑬ **캔버스** 캔버스의 크기를 변경하거나 회전 및 반전할 수 있어요.

⑭ **설정** 동작을 설정하거나 인터페이스를 변경할 수 있어요.

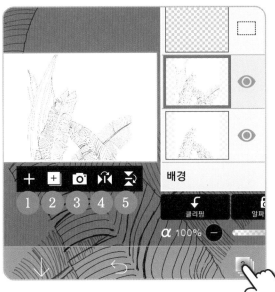

레이어 도구의 상세 기능을 설명해 드릴게요.

① **새로운 레이어 추가** 선택된 레이어 위에 새로운 레이어를 추가해요.

② **레이어 추가** 레이어를 모아 놓을 폴더를 추가하거나 선택한 레이어를 복제할 수 있어요. 캔버스에서 **레이어 추가하기**를 선택하면 보이는 레이어를 모두 합친 새로운 이미지의 레이어가 추가돼요.

③ **이미지 레이어 추가** 기기의 사진첩이나 갤러리에 있는 이미지를 새로운 레이어로 추가할 수 있어요. 이때 선 드로잉 추출은 사진이 아닌 라인 드로잉 이미지에 적합해요.

④ **가로 반전** 레이어 이미지를 가로로 반전시켜요.

⑤ **세로 반전** 레이어 이미지를 세로로 반전시켜요.

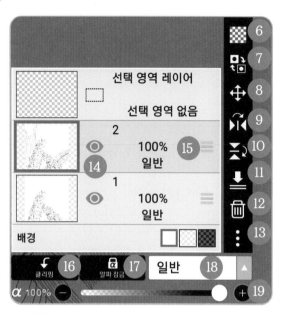

⑥ **레이어 지우기** 레이어에 그린 그림을 지워요.

⑦ **레이어 색상 반전** 레이어 색상을 반전시켜요.

⑧ **레이어 이동** 레이어의 위치를 이동하거나 변환할 수 있어요.

⑨ **레이어 가로 반전** 레이어를 가로로 뒤집어요.

⑩ **레이어 세로 반전** 레이어를 세로로 뒤집어요.

⑪ **하위 병합** 아래 레이어와 하나로 합쳐요.

⑫ **레이어 삭제** 레이어를 삭제해요.

⑬ **기타 옵션** 레이어를 회색톤으로 바꿔 주거나 흰 영역을 투명하게 만들어 줄 수 있어요. 불투명도 설정을 누르면 투명하지 않은 부분이 선택 영역이 됩니다. 레이어명을 바꾸거나 PNG 파일로 저장할 수도 있어요.

⑭ **눈** 보여 주거나 감추기를 할 수 있어요.

⑮ **핸들** 위아래로 이동하여 레이어 순서를 바꿀 수 있어요. 아래에 있는 레이어는 위에 있는 레이어에 의해 가려질 수 있어요.

⑯ **클리핑** 클리핑 레이어를 추가할 수 있어요. 클리핑 레이어는 아래에 연결된 레이어의 영향을 받아요. 아래쪽 레이어에 그려진 이미지 영역만큼만 보이거든요. 지우개를 사용하면 아예 지워지지만, 클리핑 레이어를 사용하면 보이지 않는 영역을 지우지 않고 수정할 수 있어요. 옷에 패턴을 그리거나 얼굴에 명암을 넣을 때처럼 특정 영역에 그림을 그릴 때 편리해요. 클리핑을 해제하고 이동시킨 후 다른 레이어에 클리핑하거나 클리핑 레이어를 복제하여 다른 레이어에 적용할 수도 있어요.

⑰ **알파 잠금** 클리핑 레이어와 비슷한 기능이지만, 별도의 레이어가 생기지 않고 해당 레이어에 그려진 이미지에 바로 적용할 수 있어요. 특정 영역 내에서만 그림을 그리고 싶을 때 이용하면 편리해요.

⑱ **레이어 모드** 다른 레이어와 결합할 수 있는 블랜드 모드와 이미지를 흑백으로 바꿔서 패턴을 적용하는 화면 색조가 있어요.

⑲ **알파값** 레이어의 투명도를 조절할 수 있어요.

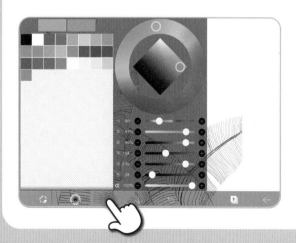

색상 도구를 클릭하면 색상, 채도, 명도, 투명도를 조절할 수 있어요. RGB 값을 각각 드래그해서 선택할 수도 있고, 기본 색상을 선택할 수도 있어요.

원형 색상표 HSB 상자에서 색을 선택할 때는 바깥 원에서 색상을 먼저 선택한 후 마름모에서 명도와 채도를 선택해 주세요. 이전 색상과 현재 선택한 색상을 비교하려면 왼쪽 위에 있는 가로형 직사각형을 확인하세요. 왼쪽은 이전 색상, 오른쪽은 현재 색상입니다.

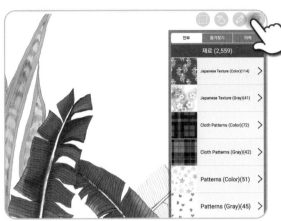

레이어를 추가한 후 오른쪽 위의 **재료** 도구를 클릭하면 배경을 다양한 이미지와 패턴으로 장식할 수 있어요. 책 표지의 배경으로 사용하거나 질감을 표현하고 싶을 때 활용할 수 있어요.

올가미 도구는 특정 영역만 수정하고 싶을 때 편리해요. 레이어를 추가한 후 올가미로 채색할 영역을 선택하면 점선으로 표시됩니다. 일부분을 삭제하거나 이동시킬 때도 편리하게 사용할 수 있어요.

자동 선택 도구는 단색으로 채색되어 있거나 투명한 영역을 선택할 때 편리해요.

흐림 효과 도구를 선택한 후 문지르면 색상이 흐려져요. 자연스러운 그라데이션을 표현하고 싶을 때 편리해요.

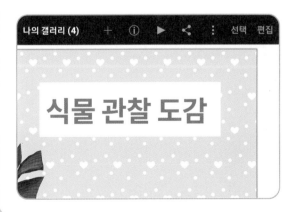

나의 갤러리에서 작품을 선택한 후 ▶을 클릭하면 작품 제작 과정의 영상을 확인할 수 있어요.

◁를 클릭하면 투명한 부분은 투명한 상태로 저장할 수 있는 PNG 파일, JPG 파일, 작품 제작 과정 동영상 파일, 아트워크, 클립 스튜디오 파일, 레이어가 분리된 포토샵 파일, 레이어가 하나로 합쳐진 포토샵 파일로 저장 및 공유할 수 있어요. ⋮을 클릭하면 작품을 삭제하거나 복제할 수 있어요.

화가 '루소' 처럼 식물 관찰하고 표현하기

1 관찰하여 그리고 싶은 식물을 촬영하거나 검색한 후 저장해 주세요.

2 이비스 페인트에서 이미지를 보고 직접 스케치하거나 이미지 레이어로 불러온 후 그 위에 레이어를 추가하여 대고 그려도 좋아요.

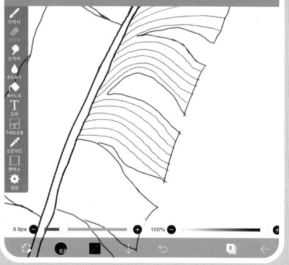

3 스케치 레이어, 채색 레이어, 배경 레이어를 추가한 후 스케치 레이어를 제일 위에 올려놓고 배경 레이어를 제일 아래쪽에 놓아 주세요.

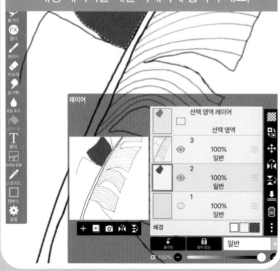

4 스케치 레이어에서 자동 선택 도구로 채색할 영역을 선택한 후 채색 레이어에서 채색해 주세요.

'루소'라는 화가를 아시나요? 루소는 사실과 환상을 교차시킨 독특한 화법으로 창의적이고 이국적인 풍경화를 많이 그렸는데요. 한 번은 사람들이 그가 그린 정글 그림을 보고 너무 잘 그려서 정글에 다녀왔냐고 물으면 그냥 다녀왔다고 거짓말을 했다고 해요. 사실은 식물원에서 식물을 관찰하며 그린 그림인데 말이죠. 얼마나 멋지게 그림을 그렸으면 사람들이 속았을까요?

우리도 이비스 페인트로 루소처럼 식물을 멋지게 그려 볼까요?

5 단색으로 채색한 후 브러시의 크기와 투명도를 조절하여 명암을 표현해 주세요.

6 GoArt와 연동하여 명화의 예술 효과를 주는 것도 좋아요. ▶ GoArt 사용법 참고

Teaching 꿀팁!

1. '루소'가 그린 그림을 함께 감상하면서 '루소'에 관해 이야기해 주세요.
2. 스케치 레이어가 채색 레이어 위에 위치하게 지도해 주세요. 그래야만 라인이 뚜렷하게 보이거든요.
3. 스케치할 때는 선이 끊어지지 않고 연결되도록 지도해 주세요. 채색을 위해 자동 선택 도구로 채색할 영역을 선택해야 하는데, 선이 끊어지면 원하는 영역이 선택되지 않아요.
4. 모둠별로 식물을 선택하여 관찰하고 그림으로 표현하면 식물에 관해 좀 더 자세히 이해할 수 있어요.
5. 모둠별 식물 그림에 설명을 추가하여 식물도감을 만들 수 있어요.
6. 패들렛의 타임라인 기능을 이용하여 계절별 식물을 정리하며 융합 수업도 할 수 있어요.

사진을 미술 작품으로 만들어 주는, 고아트!

내가 찍은 사진을 모네, 반 고흐와 같은 세계적인 작가가 그려 준다면 정말 신나겠지요? 말도 안 되는 이런 상상을 고아트가 현실로 만들어 줄 수 있어요. 내가 찍은 사진이나 그린 그림을 고아트의 인공지능이 내가 원하는 화가의 화풍으로 만들어 줍니다. 세계적인 예술가와 콜라보하며 나만의 예술 작품을 만들 수 있어요.

아트의 세계로 렛츠고! 고아트 사용 방법을 배워 학급 달력을 만들어 보아요!

GoArt

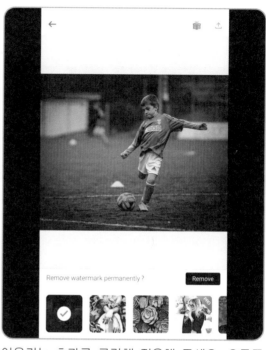

예술 작품으로 만들 이미지를 **CAMERA**로 촬영하 거나 **ALBUM**에서 선택해 주세요.

어울리는 효과를 클릭해 적용해 주세요. 오른쪽 위의 PRO 가 붙은 것은 유료 회원만 이용 가능해요.

고아트에서 제공하는 필터랍니다. 만약 이와 같이 미리보기 이미지가 보이지 않고 ●●● 으로 보인다면 이 화면을 참고해 주세요. 미리보기가 보이지 않아도 클릭하면 이미지에 필터 효과를 적용할 수 있답니다.

SPONGE DABBED 필터 효과를 적용했어요. 스펀지에 물감을 찍어 채색한 효과랍니다.

VAN GOGH 1 필터 효과를 적용했어요. 반 고흐가 그린 것 같지요?

JOY 필터 효과를 적용했어요. 장미 같기도 하고 회오리 같기도 한 패턴이 재밌게 표현되었네요.

ABSTRACTIONISM 필터 효과를 적용했어요. 추상주의 화가의 작품 같나요?

고아트에서는 필터 적용 강도를 어느 정도로 할 것인지 선택할 수 있어요. 손가락을 왼쪽으로 문지르면 필터의 적용 강도가 낮아지고 손가락을 오른쪽으로 문지르면 높아집니다.

내보내기 도구를 클릭하면 필터 효과를 적용한 이미지를 공유하거나 저장할 수 있어요.

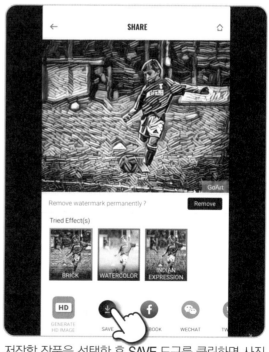

저장할 작품을 선택한 후 **SAVE** 도구를 클릭하면 사진 보관함 또는 앨범, 사진 폴더 등에 저장됩니다.

우리 학급 달력 만들기

1 같은 달에 태어난 친구끼리 모둠을 구성하여 월별 달력의 주제를 의논한 후 주제에 어울리는 배경 이미지를 무료 이미지 사이트에서 찾아요.

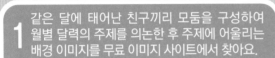

2 배경에 어울리는 동작을 연출한 후 사진을 촬영해요.

3 배경 이미지와 촬영한 사진을 어도비 포토샵 Mix에서 편집하거나 보기 좋게 정렬해요.
▶ Adobe Photoshop Mix 사용법 참고

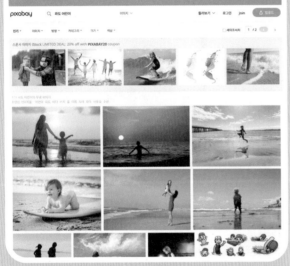

4 편집한 이미지나 배경 이미지에 고아트 필터를 적용해 주세요.

누군가의 달력에 나의 생일을 기억해 달라는 뜻으로 빨간색 동그라미를 쳐본 적 있나요? 좋아하는 반 친구들의 생일과 기억해야 할 특별한 날들을 표시한 나만의 달력이 있다면 정말 좋겠죠? 친구들의 모습이 예술적으로 담긴 달력이라면 더욱 좋을 것 같아요. 우린 고아트를 배웠으므로 이러한 달력을 쉽게 만들 수 있답니다. 고아트로 고흐풍의 달력을 만들고, 컴퓨터 화면 배경으로도 사용해 보아요.

세상에 하나밖에 없는 우리 반만의 예술 달력을 만들어 볼까요?

5 달력 템플릿을 다운로드한 후 완성된 이미지를 추가해 주세요.

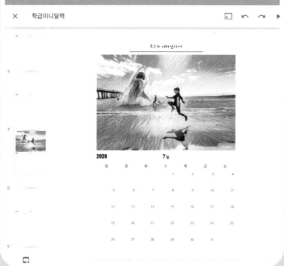

6 친구들 생일을 입력해 주세요. 친구들 모습을 생일칸에 채우는 것도 좋아요.

Teaching 꿀팁!

1. http://www.bit.ly/33mwa에서 달력 템플릿을 열어 '사본 만들기'로 저장한 후 학생들에게 공유해 주세요.
2. 월 이미지만 GoArt 필터로 작업하고, 친구 얼굴 사진은 생일 날짜에 넣는 것도 좋은 방법이에요.
3. https://pixabay.com/ko/photos/에서 검색하여 무료 이미지를 다운로드하는 방법을 알려 주세요.
4. 친구 생일과 함께 학교 행사도 입력할 수 있도록 지도해 주세요.
5. GoArt 필터의 화풍을 지닌 작가에 관한 설명을 덧붙여 주시면 좋아요.
6. 친구 사진으로 장난을 치는 것도 일종의 폭력이라는 사실을 알려 주세요.

이미지를 더욱 풍부하게 표현해 주는, 픽스아트!

머릿속에 아이디어는 넘치는 데 표현할 수 없어 답답했죠? 픽스아트만 다룰 줄 알면 어려운 컴퓨터 그래픽을 배우지 않아도 됩니다. 픽스아트에는 수백 가지의 이미지와 동영상을 비롯한 스티커 메이커, 콜라주 메이커 등 멋진 작품을 만드는 데 필요한 기능들이 있어요. 누구나 쉽게 이미지를 제작할 수 있는 픽스아트로 그래픽 아티스트가 되어 보세요.

창작 욕구 뿜뿜! 픽스아트 사용법을 배워서 디지털 음악 앨범 재킷을 디자인해 보아요!

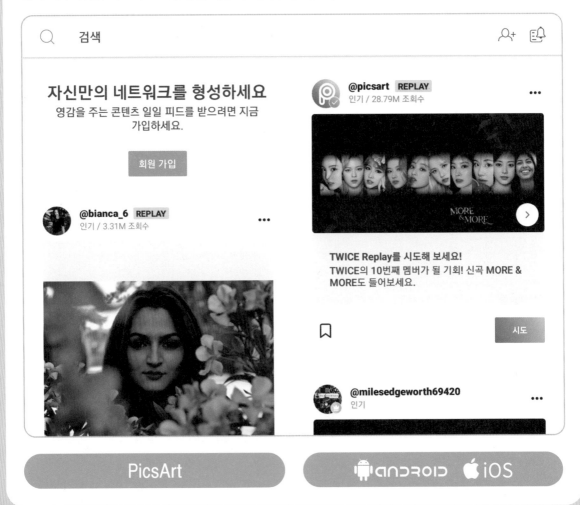

작업할 이미지를 불러오면 아래쪽에 이와 같은 도구들이 나타납니다.

그럼 지금부터 픽스아트에서 제공하는 도구에 관해 알아볼게요.

① **Gold** 유료 사용자를 위한 도구입니다. 우리는 무료 사용 도구만 활용할 것이므로 Gold는 생략할게요.

② **도구** 자르기, 복제, 컬러 보정, 원근감 적용 및 크기 조절 등을 할 수 있어요. 다음 페이지에서 자세히 설명할게요.

③ **효과** 다양한 테마의 효과를 적용할 수 있어요. 도구를 한 번 더 클릭하면 적용 값을 조절할 수 있어요.

④ **뷰티** 피부 톤, 점 삭제, 헤어 컬러, 체형 보정 등을 이용해 예쁘게 수정할 수 있어요.

⑤ **스티커** 다양한 스티커를 사용할 수 있어요.

⑥ **자르기** 사람, 얼굴, 옷, 하늘, 머리, 머리카락, 배경을 자동으로 선택해 자를 수 있어요. 자를 영역을 직접 선택할 수도 있고요.

⑦ **텍스트** 텍스트를 입력한 후 편집을 할 수 있어요.

⑧ **사진 추가** 캔버스에 사진을 추가할 수 있어요. 추가한 사진을 편집하고 레이어를 조절할 수 있어요.

⑨ **맞춤** 이미지 비율을 조절하고 색상이나 패턴, 다른 이미지를 배경으로 사용할 수 있어요.

⑩ **브러시** 다양한 형태의 브러시와 효과 및 패턴을 적용할 수 있는 브러시를 사용할 수 있어요.

⑪ **테두리** 테두리의 두께와 색상을 설정할 수 있어요.

⑫ **마스크** 다양한 스타일의 마스크를 이용하여 효과를 주거나 합성할 수 있어요.

⑬ **그리기** 픽스아트에서 제공하는 브러시를 이용하거나 텍스트, 이미지, 스티커 브러시를 추가할 수 있어요.

⑭ **렌즈 플레이** 여러 가지 빛의 효과를 줄 수 있어요.

⑮ **모양 마스크** 여러 가지 마스크 모양을 적용할 수 있어요.

⑯ **프레임** 픽스아트에서 제공하는 다양한 프레임을 이용할 수 있어요.

픽스아트 기능이 참 많죠? ② **도구**를 좀 더 자세히 살펴볼게요.

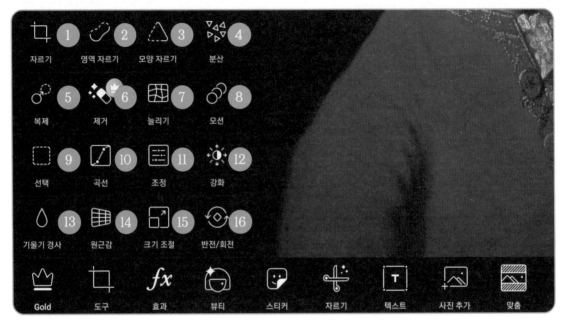

① **자르기** 캔버스를 원하는 비율 및 크기로 조절할 수 있어요.

② **영역 자르기** 사람, 얼굴, 옷, 하늘, 머리, 머리카락, 배경을 자동으로 선택하여 간편하게 자를 수 있어요.

③ **모양 자르기** 삼각형, 원, 하트, 별, 눈꽃, 왕관 등의 다양한 형태로 자를 수 있어요.

④ **분산** 영역을 선택한 후 분산을 적용하면 유리가 깨진 듯한 효과를 낼 수 있어요.

⑤ **복제** 이미지에서 복제할 영역을 선택한 후 붙여 넣기할 영역에 브러시로 칠하면 복제돼요.

⑥ **제거** 제거하고 싶은 영역을 브러시로 칠하면 지워져요. 유료 사용자만 이용할 수 있어요.

⑦ **늘리기** 위프, 뒤틀기, 스퀴즈, 부풀리기, 복원 기능을 이용하여 이미지 형태를 간단하게 변경시킬 수 있어요.

⑧ **모션** 자동으로 선택하거나 직접 모양을 선택한 후 드래그하면 이동하는 것처럼 보이는 효과를 줄 수 있어요.

⑨ **선택** 사각형, 달걀형, 자동 인식, 브러시로 채색하여 선택, 올가미 도구로 선택, 반대로 선택 등 특정 영역을 선택할 수 있어요.

⑩ **곡선** 전체 또는 Red, Green, Blue 영역별로 명도와 채도를 그래프로 조절할 수 있어요.

⑪ **조정** 밝기, 대비, 선명도, 채도, 색조, 그림자, 하이라이트, 색 온도를 조절할 수 있어요.

⑫ **강화** 컬러와 채도 대비를 강화할 수 있어요.

⑬ **기울기 경사** 수평, 선형, 원형으로 영역을 지정하여 아웃포커스처럼 외곽에 흐림 효과를 줄 수 있어요.

⑭ **원근감** 좌우 또는 상하 비율을 조절하여 원근감을 줄 수 있어요.

⑮ **크기 조절** 가로, 세로 비율에 맞게 이미지 크기를 조절할 수 있어요.

⑯ **반전/회전** 이미지를 왼쪽, 오른쪽으로 회전하거나 수평, 수직으로 반전할 수 있어요.

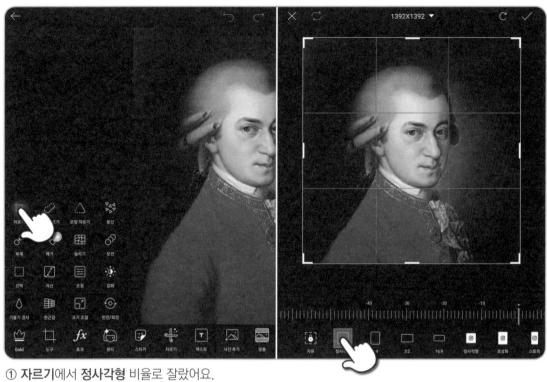

① **자르기**에서 **정사각형** 비율로 잘랐어요.

② **영역 자르기**에서 **얼굴**을 선택했어요.

④ **분산** 도구를 활용하여 영역을 그려 준 후 **살짝 눌러서 분산**을 클릭하여 분산 효과를 적용했어요.

⑧ **모션** 도구를 활용하여 자동으로 영역을 선택한 후 왼쪽 위 방향으로 드래그하여 움직임 효과를 적용했어요.

⑨ **선택** 도구에서 **브러시**로 얼굴을 선택하고 **매직** 효과를 적용했어요.

⑩ **곡선** 선택 후 그래프의 가운데 부분을 올려 밝게 만들었어요.

⑪ **조정**을 선택한 후 **비네트**를 적용했어요.

디지털 음반 앨범 재킷 만들기

1 재킷으로 디자인할 음악을 선택합니다. GarageBand를 활용하여 음원을 만들어도 좋아요. ▶ GarageBand 사용법 참고

2 앨범 재킷에 어울리는 이미지를 찾아 정사각형 비율로 편집해요.

3 픽스아트의 FX 효과로 음악 장르에 어울리는 스타일을 적용해요. 아래 이미지는 팝아트 효과를 적용한 거예요.

4 픽스아트에서 제공하는 다양한 스티커로 이미지를 꾸며 보세요.

앨범 재킷을 보고 어떤 음악인지 들어 보고 싶은 적이 있지 않나요? 노래는 들을 수 있지만 볼 수는 없죠. 가수의 노래를 볼 수 있도록 해 주는게 앨범 재킷이에요. 노래의 얼굴이라 할 수 있죠. 사람의 관상을 보듯 노래도 앨범 재킷을 보며 상상할 수 있습니다.

클래식 음악을 리메이크해 보고, 픽스아트로 앨범 재킷도 만들어 보면서 멋진 아티스트가 되어 볼까요?

5 다양한 브러시 효과로 이미지를 멋지게 꾸며 보세요.

6 모양 마스크를 적용한 후 텍스트 도구에서 앨범 타이틀을 입력한 후 마무리해 주세요.

Teaching 꿀팁!

1. 픽스아트 무료 버전은 광고가 나타납니다. 학생들이 광고 배너를 터치하지 않도록 지도해 주세요. 광고 배너 위쪽의 X 버튼을 누르면 광고를 닫을 수 있습니다.
2. 음악을 감상하며 앨범 재킷 알아맞추기도 해 보세요. 음악의 느낌을 전달하기 위해 앨범 재킷을 시각적으로 어떻게 표현했는지 생각해 보면 디자인에 대한 생각이 더욱 풍부해집니다.
3. 크롬 뮤직랩, 개러지밴드, 워크밴드를 활용하여 직접 작곡을 해 보거나 앨범 재킷까지 디자인해 보면서 음악과 미술의 융합 수업을 할 수 있어요.
4. https://pixabay.com/ko/photos/에서 무료 이미지를 검색하여 다운로드할 수 있도록 지도해 주세요.

인공지능이 나 대신 그려 주는, 오토드로우!

"저는 손이 발이에요." 그림을 잘 그리지 못해 미술 활동이 즐겁지 않은 사람들이 제법 많지요? 이제 손재주가 좀 부족해도 괜찮아요. 오토드로우의 인공지능이 알아서 도와주니까요. 그림을 조금 끄적이 기만 해도 오토드로우는 무엇을 그리려는지 금세 알아채곤 멋진 그림을 제안해 줍니다. 앱을 설치하지 않고도 스마트폰이나 패드에서 크롬 브라우저로 www.autodraw.com에 접속하면 됩니다.

나의 손이 되어 주는 오토드로우를 이용해 속담 카드를 만들어 보아요!

AutoDraw

Fast drawing for everyone.

Start Drawing   Fast How-To*

This is an

A.I.
Experiment

* The faster you click the faster it goes

www.AutoDraw.com   Chrome Browser

Start Drawing을 클릭하면 위와 같은 흰색 캔버스가 나타나요.

PC로 접속할 때는 왼쪽 아래에 도구가 펼쳐지지만, 패드나 스마트폰으로 접속할 때는 클릭을 해야 펼쳐집니다. 우선 도구를 모두 펼쳐 놓고 설명하겠습니다.

① **Select** 그림을 선택할 수 있어요. 그림을 이동하거나 크기 변경 및 회전, 반전할 수 있어요.

② **Draw** 그림을 자유롭게 그릴 수 있어요. 슬라이더를 조절하면 펜 굵기를 선택할 수 있어요.

③ **Type** 글자를 입력할 수 있어요. 한글은 고딕체만 쓸 수 있어요. 글자 크기 변경 외에 다른 기능은 없어요.

④ **Fill** 면 또는 테두리 색상을 바꾸거나 채색할 수 있어요. 색상을 선택한 후 원하는 부분을 클릭하면 돼요.

⑤ **Shape** 원, 사각형, 삼각형을 삽입할 수 있어요.

⑥ **AutoDraw** 그림을 그리면 상단에 인공지능이 예측한 그림을 보여 줍니다. 손가락으로 넘기면서 다양한 그림을 확인한 후 마음에 드는 그림을 클릭하면 됩니다.

⑦ **휴지통** 선택한 그림을 삭제해요.

⑧ **되돌리기** 실행을 취소하고 이전 단계로 돌아가요.

⑨ **색 선택** 사용할 수 있는 색을 보여줘요. ∧ 를 클릭하면 다른 컬러를 볼 수 있어요. 마음에 드는 색을 선택하면 적용됩니다. 그림이 선택된 상태에서 색을 선택하면 그림의 테두리가 선택한 색으로 바뀝니다. 그림이 선택되지 않은 상태에서 색을 선택했다면 **Fill** 도구를 선택한 후 원하는 영역을 클릭하여 채색하거나 선 색을 바꿀 수 있어요.

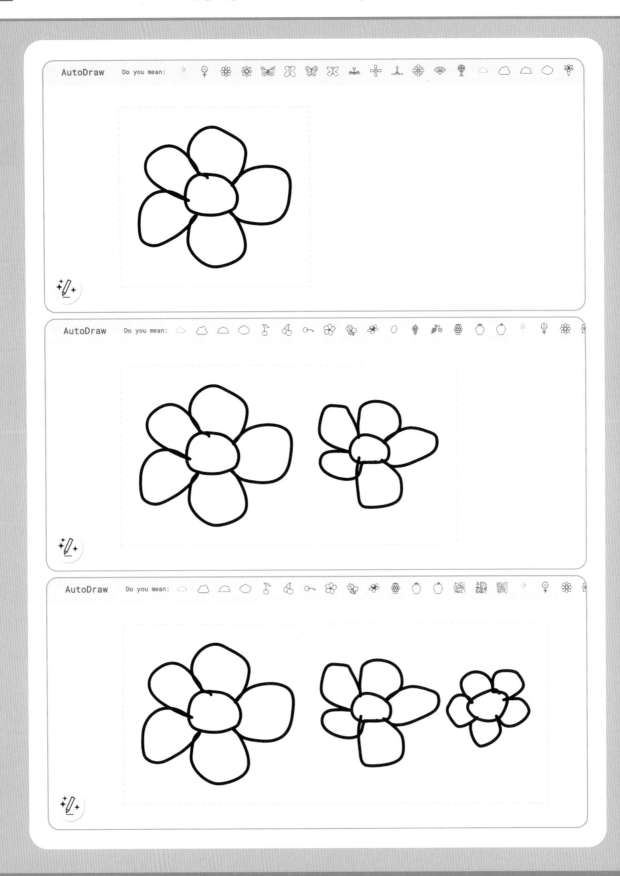

AutoDraw 상태에서 그림을 이어서 그리면 회색 점선이 나타납니다. 만약 다른 도구를 선택하지 않고 그림을 이어서 그리면 그 그림까지 분석하여 그림을 제안해 줘요. 왼쪽 화면처럼 회색 점선 영역이 넓어지면서 위쪽에 인공지능이 추천해 주는 그림이 바뀌는 것을 볼 수 있어요.

그림을 선택하면 위와 같이 파란색 사각형이 보이고 사방 모서리와 변 사이에 정사각형이 생겨요.
① **회전 도구** 원을 잡고 좌우로 드래그하면 회전할 수 있어요.
② **확대 축소 도구** 모서리 사각형을 잡고 드래그하면 가로, 세로 비율을 유지하면서 크기를 수정할 수 있어요.
③ **반전 도구** 변에 있는 사각형을 잡고 드래그하면 반전하거나 납작하게 만들 수 있어요.

왼쪽 위에 있는 ☰를 클릭하면 메뉴가 나타나요.
① **Start over** 새로 시작할 수 있는 빈 캔버스가 나와요.
② **Download** 결과물을 다운로드할 수 있어요. 결과물은 다운로드 폴더에 저장돼요.
③ **Share** 공유할 수 있는 화면이 나와요. **Copy Link** 버튼을 클릭하면 작품이 저장된 URL을 복사해요. 메신저 또는 게시판에 붙여 넣기하면 복사된 URL을 붙여 넣어 공유할 수 있어요.
④ **How-To** 오토드로우 이용 방법을 확인할 수 있어요.
⑤ **Artists** 오토드로우 그림을 그린 작가와 작품을 볼 수 있어요. 또한 누구나 오토드로우 작가로 참여할 수 있어요.
⑥ **About** 오토드로우 및 제작자에 관한 설명이에요.

속담 카드 만들기

1 속담 카드 제비뽑기를 뽑은 후 자신이 뽑은 속담을 오토드로우로 표현할 거예요.

2 원하는 모양의 그림을 그린 후 인공지능 추천 목록에서 가장 알맞은 그림을 골라요. 그리기와 채우기를 사용하여 색깔을 입혀 주세요.

3 완성된 속담 그림을 다운로드해 주세요.

4 링크로 만들어도 좋아요.

짧은 문장이지만 선조의 지혜가 담긴 속담의 의미를 완전하게 이해할 수 있다면, 삶의 지혜를 배울 수 있겠죠. 글로 되어 있는 속담을 그림으로 표현해 보면 어떨까요? 중요한 건 그림 그리는 솜씨가 아니라 그림으로 표현하는 아이디어겠죠. 오토드로우를 이용하면 무엇이든 표현할 수 있어요.

제비뽑기로 뽑은 속담 카드 내용을 오토드로우로 표현해 보고 누가 잘 맞추는지 겨뤄 볼까요?

5 결과물을 패들렛에 공유하여 어떤 속담을 표현한 것인지 맞춰 보세요.
▶ Padlet 사용법 참고

Teaching 꿀팁!

1. 덧그린 그림을 앞서 그린 그림 뒤로 보내거나 앞서 그린 그림을 앞으로 나오게 하려면 키보드가 필요해요. 키보드가 있다면 대괄호 [키로 '뒤로 보내기'를, 대괄호] 키로 '앞으로 가져오기'를 할 수 있어요.
2. 오토드로우에서 그린 이미지를 링크로 공유했을 때 링크를 클릭하면 해당 이미지와 함께 새로운 그림을 그릴 수 있는 Start Drawing 버튼이 보여요. 이때 이미지를 잡고 크롬 브라우저 위 + 쪽으로 가져가면 새로운 탭이 만들어지면서 화면에 이미지만 보여요. 이때 이미지를 누르면 이미지를 저장할 수 있는 메뉴가 나타나요. 링크로 공유받은 이미지도 저장해서 사용할 수 있어요.
3. 오토드로우를 이용해 영어 단어장이나 콜라주를 만드는 활동도 할 수 있어요.

내 안의 디자이너를 깨우는, 미리캔버스!

누구나 디자이너가 될 수 있고 크리에이터가 될 수 있는 세상이에요. 감각이 있어도 포토샵, 일러스트 레이터 같은 도구 사용법을 모르면 창작을 할 수 없었죠? 사용할 수 있는 템플릿이 많고 다양해서 약간 의 감각과 보는 안목만 있다면, 누구나 멋진 디자인을 만들 수 있어요. 더욱이 저작권 걱정 없이 무료 로 사용할 수 있는 이미지들도 많아 활용하고 공유하기에도 좋죠.

내 안의 디자이너를 깨우는 미리캔버스를 배워 미술사 카드를 만들어 보아요!

www.miricanvas.com | ⊙ Chrome Browser

로그인 후 **바로 시작하기** 버튼을 클릭하면 위쪽에 문서 크기를 선택할 수 있는 메뉴가 있어요. 직접 원하는 크기를 입력할 수도 있고, 프레젠테이션, 유튜브, 카드뉴스, 웹 포스터, 배너 등 정해진 규격을 이용할 수도 있답니다. 웹용 문서는 빛의 3원색인 RGB 컬러 기준으로 생성되고, 인쇄용 문서는 인쇄를 위한 CMYK 컬러 기준으로 생성됩니다. 웹용으로 제작하더라도 인쇄용 파일로 다운로드할 수 있어요.

미리캔버스는 다양한 형태의 퀄리티 높은 템플릿을 무료로 제공합니다. **템플릿** 도구를 클릭하면 이러한 템플릿을 볼 수 있어요. 원하는 템플릿을 클릭한 후 수정하여 사용하면 편리합니다.

사진 도구를 클릭하면 Pixabay 사진 등 무료로 사용할 수 있는 사진을 불러올 수 있어요. 이때 내가 가진 사진을 이용하고 싶으면 **업로드** 도구를 클릭한 후 **내 파일 업로드** 버튼을 눌러 내 컴퓨터에 있는 사진을 업로드하여 사용할 수 있어요. 업로드한 사진은 폴더를 만들어 정리할 수 있습니다.

텍스트 도구를 클릭하면 조합, 스타일, 특수문자 3개의 메뉴 탭이 나타나요. **조합**은 사용자가 빠르고 편리하게 사용할 수 있도록 미리캔버스에서 여러 폰트를 조합하여 만들어 놓은 거예요. **제목**, **부제목**, **본문** 중 추가해야 할 텍스트 상자를 클릭하면 새로운 텍스트 상자가 생겨요. **스타일**은 폰트와 요소를 모아 유용하게 활용할 수 있도록 미리 만들어 놓은 것이고요. **특수문자**는 특수문자들만 모아 놓았어요.

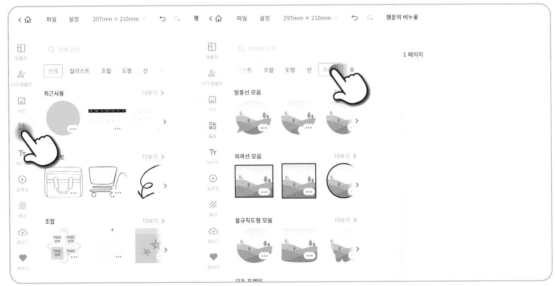

요소 도구에서는 일러스트, 조합, 도형, 선, 프레임, 표를 추가할 수 있어요. **일러스트** 탭에서는 벡터 형태와 비트맵 형태를 제공하는데, 벡터 형태는 컬러, 비트맵 형태는 필터를 적용할 수 있어요. **조합** 탭에서는 인포그래픽에 활용할 수 있는 프레젠테이션 레이아웃, 쿠폰/티켓, 캐릭터, 이름표 등의 디자인을 이용할 수 있어요. **프레임**을 이용하면 이미지 외형을 다양한 형태로 적용할 수 있어요. 모니터, 핸드폰 모양뿐 아니라 불규칙적인 자연스러운 모양까지 제공해요.

원하는 이미지 프레임을 선택한 후 사진 또는 내가 업로드한 이미지를 클릭하여 이미지를 문서 내에 추가해 주세요. 이때 이미지를 프레임에 드래그하기만 하면 이미지가 프레임 안으로 들어가요. 이미지를 더블클릭 하면 모서리와 변에 있는 작은 동그라미를 잡고 드래그하여 크기를 수정할 수 있어요. 이미지를 클릭한 채 움직이면 이미지의 위치도 바꿀 수 있고요. ∨를 클릭하면 적용됩니다.

사진과 같이 비트맵 이미지일 경우 필터 효과를 줄 수 있어요. **필터 효과** 탭을 클릭하면 로맨틱, 빈티지, 세피아, 흑백 등의 필터를 적용할 수 있어요. **직접 조정** 탭을 클릭하면 밝기, 대비, 채도, 컬러 톤, 온도, 흐리기, 비네트를 설정할 수 있어요. 미리캔버스에서 사용되는 모든 비트맵 이미지는 투명도, 그림자의 방향 및 그림자 투명도, 거리와 흐림 정도도 설정할 수 있어요. 그라데이션 마스크를 이용하면 상하좌우 중 한 방향을 선택하여 서서히 투명해지게 만들 수 있어요. 왼쪽 위의 🔒 버튼을 클릭하면 잠겨서 선택되지 않아요.

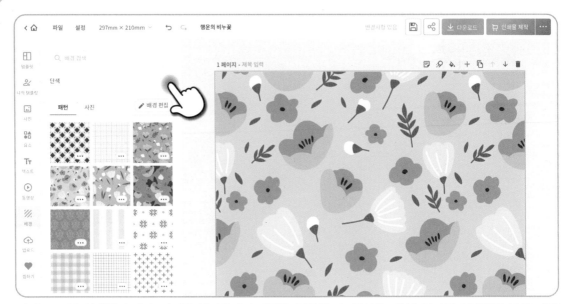

배경 도구를 선택하면 배경 컬러를 설정하거나 패턴을 적용할 수 있어요. 단색 컬러를 선택하면 문서 배경 컬러가 정해져요. 단색 컬러를 배경으로 지정했더라도 패턴이나 사진을 선택하면 단색에서 정한 컬러와 상관없이 패턴이나 사진이 적용됩니다. 하지만 패턴이나 사진의 투명도를 낮춰 주면 단색 컬러로 지정한 색이 드러나요.

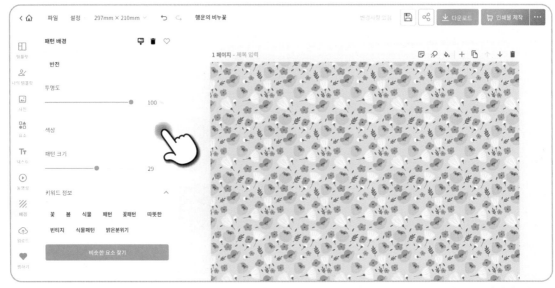

패턴을 선택하면 패턴의 투명도, 컬러, 크기를 수정할 수 있어요. 패턴의 크기 숫자를 높일수록 패턴의 개수가 늘어나면서 패턴의 크기가 작아져요. 배경에 사진을 선택하면 비트맵 이미지를 편집할 때와 같이 필터 효과, 밝기, 대비, 채도, 컬러 톤, 온도, 흐리기, 비네트를 설정할 수 있어요. 그라데이션 마스크도 적용할 수 있는데 배경 사진이 서서히 흐려지는 대신 배경 색상으로 선택한 컬러가 보여요. 내가 원하는 사진을 불러와 **배경으로 만들기**를 선택하면 배경에 맞춰져요.

텍스트를 두 번 터치하면 수정할 수 있어요. 왼쪽 텍스트 메뉴 🖨 버튼은 스타일을 복사해 줍니다. 같은 스타일을 적용하고 싶은 텍스트를 클릭하면 복사한 스타일이 적용됩니다. 미리캔버스에서는 다양한 무료 폰트를 제공해요. 폰트, 크기, 투명도를 설정할 수 있고, 글자 조정 오른쪽에 있는 ∨를 클릭하면 자간, 행간, 장평을 조절할 수 있어요.

외곽선을 체크하면 외곽선 컬러와 두께를 선택할 수 있고, 그림자를 체크하면 그림자 색, 방향, 투명도, 거리, 흐림 정도를 선택할 수 있어요. 그라데이션을 선택하면 두 색으로 이루어진 그라데이션을 글자에 적용할 수 있어요. 이때 그라데이션 컬러와 방향을 선택할 수 있습니다. 곡선을 선택하면 가로로 쓰인 글자가 곡선 글자로 바뀝니다. 동그란 원 테두리를 가이드로 한 곡선 글자가 만들어지는데, 원의 크기와 비율을 수정하면 글자 기준 가이드도 함께 바뀐답니다.

파일 메뉴를 선택하면 새 문서를 만들거나 현재 문서의 복사본을 만들 수 있어요. 미리캔버스 클라우드에 문서가 자동 저장되지만 **저장하기**를 누르면 현재 버전으로 저장됩니다. **인쇄물 제작하기** 메뉴를 선택하면 인쇄 주문을 위한 BIZ HOWS로 이동해요. **작업내역** 메뉴를 선택하면 자동 및 수동 저장된 버전별로 내용을 확인하여 이전 저장 상태로 복구할 수 있어요. 슬라이드 쇼 메뉴를 선택하면 현재 문서가 전체 화면 슬라이드쇼 상태로 보여져요.

정렬 도구를 클릭하면 왼쪽, 가운데, 오른쪽 및 상단, 중간, 하단 정렬을 할 수 있어요.

순서 도구를 클릭하면 요소의 순서를 정리하여 앞으로 가져오거나 뒤로 보낼 수 있어요.

여러 요소를 한꺼번에 이동하거나 확대 및 축소, 회전하려면 그룹으로 만들어야 편리해요. 키보드가 있는 PC에서는 다중 선택한 후 그룹으로 만들 수 있어요. 모바일 기기에서는 요소 하나를 누른 후 '여러 개의 요소를 선택하세요'라는 메시지가 나타나면 그룹으로 만들 요소들을 선택한 후 **그룹으로 만들기** 버튼을 클릭해요. **그룹 해제하기** 버튼을 클릭하면 그룹이 해제돼요.

공유하기 도구를 이용하면 작업한 결과물을 공유할 수 있어요. 이를 위해서는 제일 먼저 디자인 문서를 공개 해야겠지요. URL로 공유하거나 SNS를 통해 공유할 수 있어요. 공유 링크 권한은 보기만 가능하게 하거나 복제하여 이용할 수 있게 할 수 있어요.

다운로드 도구를 이용하면 웹용 파일 또는 인쇄용 파일로 다운로드할 수 있어요. 다운로드할 페이지도 선택할 수 있고요. PPT 파일로 다운로드할 경우 텍스트 편집은 가능하지 않지만, 폰트가 깨지지 않도록 하기 위해 개별 요소 이미지화를 선택하는 것이 좋아요.

공유된 URL에 접속하면 공유 디자인 문서가 나타나요. 오른쪽 아래에 있는 **+** 버튼을 클릭하면 위와 같은 메뉴가 나타나요. **슬라이드 쇼** 버튼을 클릭하면 슬라이드 쇼를 전체 화면으로 볼 수 있어요.

나의 아이디를 클릭하면 마이스페이스 메뉴가 나타나요. **마이스페이스**에는 그동안 작업한 결과물, 복제한 공유물이 저장되어 있어요. 작업물을 선택한 후 **휴지통** 버튼을 클릭하면 작업물이 지워져요.

미술사 카드 만들기

1 카드로 표현할 미술사 시대를 모둠별로 선정하세요. 구글 아트 앤 컬쳐에서 예술 운동을 참고하면 편리해요. ▶ Google Arts & Culture 사용법 참고

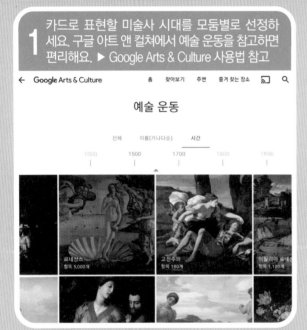

2 미리캔버스 카드뉴스 템플릿을 선택한 후 원하는 배경으로 꾸며 주세요.

3 구글 아트 앤 컬쳐에서 찾은 이미지를 저장한 후 내 이미지 도구에서 업로드해 주세요.

4 사진에서 '액자'를 검색한 후 그림 액자로 꾸며 보세요. 작품명과 화가명, 제작 연도 등을 입력하여 카드를 완성해 주세요.

'샤갈과 피카소의 그림은 왜 이렇게 다른 걸까?' '저런 그림은 나도 그리겠는걸?' '피카소의 그림을 왜 위대한 예술 작품이라고 하는 거지?' 미술의 역사를 알면 이러한 궁금증이 해소되고, 예술을 보는 안목과 즐길 줄 아는 감성도 풍부해진답니다.

미술의 역사와 미술 작품을 쉽게 이해할 수 있는 미술사 카드를 미리캔버스로 만들어 볼까요?

5 디자인 문서 공개로 공유하여 URL을 복사해 주세요.

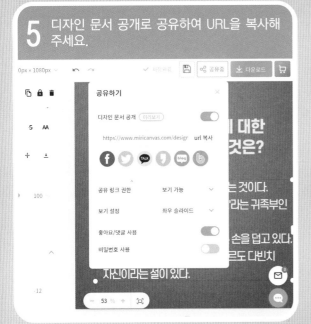

6 패들렛 타임라인을 이용하여 작품 제작연도의 흐름에 맞춰 공유한 후 발표해 주세요.

Teaching 꿀팁!

1. 미리캔버스에 학생 계정을 요청하면 사용할 수 있는 아이디와 패스워드를 받을 수 있어요. 평일 기준으로 3일 정도 걸리니 활동 전에 미리 학생 계정을 신청해 주세요.
2. 학생 계정은 미리캔버스와 사단법인 디지털리터러시교육협회가 사회공헌 차원에서 협약을 맺고 학생에 한해 편의를 제공하는 것이므로 아래와 같이 메일을 보내면 학생 계정을 받을 수 있어요.
   · 수신: edu@miridih.com(미리캔버스 학생 계정 담당자)
   · 제목: 미리캔버스 학생 계정을 요청드립니다.
   · 내용: 소속, 이름, 미리캔버스 ID, 연락처, 희망 계정 수량과 계정 ID(예: abcde01 ~ abcde50)
   · 기타: 디지털리터러시교육협회를 통해 알게 되어 신청합니다. 편의 제공에 감사드립니다.

이미지 합성할 때는, 포토샵 믹스!

디자인 프로그램의 대명사, 어도비 포토샵! 어도비 포토샵 믹스는 어도비에서 개발한 모바일용 포토샵 프로그램이에요. 컴퓨터용에 비해 기능이 적고 비싼 컴퓨터용 포토샵을 사지 않아도 간단해서 다루기가 훨씬 쉬워요. 학원에서 배우지 않아도 레이어를 활용한 이미지 합성 등 꼭 필요한 기능들을 스마트폰과 패드에서 사용할 수 있어요.

어도비 포토샵 믹스를 활용해 인종 차별 금지 캠페인 포스터를 만들어 보아요!

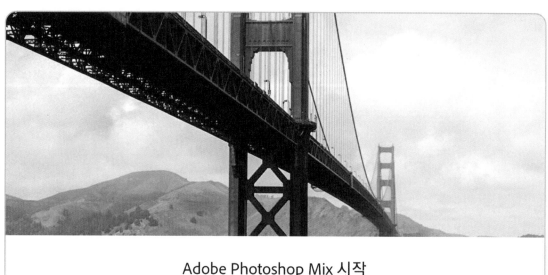

Adobe Photoshop Mix 시작

이미지를 결합하거나 잘라내고 모양을 적용하고 사진을 편집합니다.
Adobe Photoshop CC와 모두 호환됩니다.

● ● ● ● ●

무료 Adobe ID 만들기   Adobe ID로 로그인

Adobe Photoshop Mix   

로그인한 후 오른쪽 아래에 있는 + 버튼을 클릭하면 이미지를 불러오거나 공유할 수 있는 메뉴가 나타나요.
① **장치** 기기에 있는 갤러리, 사진 보관함, 폴더 등에 있는 이미지를 불러올 수 있어요.
② **카메라** 직접 촬영한 이미지를 사용해요.
③ **Creative Cloud** 어도비 클라우드에 저장된 이미지를 불러와요.
④ **Lightroom** Lightroom에 저장된 이미지를 불러와요.
⑤ **CC Library** 어도비에서 제공하는 클라우드에서 이미지를 불러와요.

처음 불러온 이미지가 보일 겁니다. 오른쪽에 있는 + 버튼을 클릭하면 또 다른 이미지를 불러올 수 있어요. 또 다른 이미지 역시 장치, 카메라, Creative Cloud, Lightroom, CC Library에서 불러올 수 있어요. + 버튼을 클릭하면 이와 같이 여러 개의 이미지를 불러올 수 있습니다. 이러한 이미지는 쌓이는 순서대로 겹쳐 보입니다. 제일 아래 있는 이미지는 위에 있는 이미지에 가려 보이지 않을 수 있어요. 이미지 레이어 순서는 잡고 끌어내리거나 올리면서 바꿀 수 있어요.

이미지를 선택하면 아래쪽에 편집 도구가 나타나요.

① **자르기** 회전, 좌우/상하 반전, 자르기 기능이 있어요.

② **조정** 대비, 밝기, 부분 대비, 채도를 조절할 수 있어요.

③ **모양** 내추럴, 인물, 빈티지, 잿빛 등 다양한 스타일을 적용할 수 있어요.

④ **잘라내기** 자동, 반전, 가장자리, 패더링 등으로 이미지를 잘라 내고 편집할 수 있어요.

⑤ **혼합** 어둡게 하기, 곱하기, 밝게 하기 효과를 적용할 수 있어요.

이미지 2개를 불러오면 위와 같이 아래 레이어에 있는 이미지가 보이지 않아요.

잘라내기에서 스마트 버튼을 클릭하면 인공지능을 활용해 배경을 쉽게 지울 수 있어요.

위 레이어 이미지에서 배경을 지우니 2개의 레이어가 자연스럽게 하나의 이미지로 합성되었어요.

위 레이어의 이미지 위치를 적절한 곳으로 수정하고 **조정** 메뉴로 컬러를 수정하니 좀 더 자연스러워졌어요.

인종차별 금지 캠페인 포스터 만들기

1 캠페인 포스터에 어울리는 사진을 찾아 저장한 후 포토샵 믹스에서 이미지를 불러오세요.

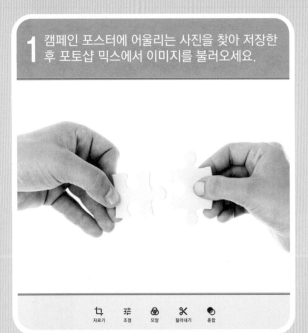

2 잘라 내기 도구에 있는 스마트 기능을 활용하여 배경을 지워 주세요.

3 레이어를 클릭하면 레이어에 관한 도구가 나타나요. 레이어를 복제해 주세요.

4 조정, 모양, 혼합 효과로 레이어에 각각 다른 색상과 밝기를 적용해 보세요.

사진 한 장, 이미지 하나가 세상을 바꿀 수 있어요. '세계 인종차별 철폐의 날'을 아시나요? 이 날은 매년 3월 21일로, 유엔이 인종 차별을 철폐하기 위해 1966년에 지정했어요. 우리나라뿐 아니라 전 세계적으로도 인종 차별은 아직까지 없어지지 않고 있어요. 멋진 포스터를 만들어 인종 차별 문제를 해결해 보는 건 어떨까요?

어도비 포토샵 믹스로 이미지 합성하는 방법을 배워 인종차별 금지 캠페인 포스터를 만들어 볼까요?

5 다른 레이어 이미지도 색상과 밝기를 수정하여 캠페인 주제에 맞게 완성해 보세요.

6 미리캔버스 웹 포스터 템플릿을 이용하여 포스터를 완성해 보세요. ▶ miricanvas 사용법 참고

Teaching 꿀팁!

1. 어도비 포토샵 믹스는 Android와 iOS의 인터페이스와 기능이 조금 달라요. 이 책에서는 학생들이 주로 사용하는 Android를 기준으로 설명했으므로 iOS 기기로 참여하는 학생들이 헷갈리지 않도록 지도해 주세요.
2. 어도비 프로그램은 무료지만 꼭 로그인을 해야 하니 학생들이 회원 가입하여 사용할 수 있도록 안내해 주세요.
3. 모둠별로 사회적 문제를 찾아보고, 해당 문제를 해결하기 위한 캠페인을 기획한 후 캠페인을 알리는 데 도움이 되는 포스터를 제작할 수 있도록 지도해 주세요. 이때 캠페인 포스터 사례를 먼저 찾아보는 것도 좋아요.

사진 편집의 모든 것, 스냅시드!

멋진 장소에 가서 찰칵, 소중한 사람들과 꼭 기억하고 싶은 날에 또 한 장! 이렇게 찍은 사진이 뭔가 아쉬울 때가 있죠? 한쪽으로 기울게 찍힌 사진, 옆에 낯선 사람이 함께 나온 사진, 보기 싫은 여드름이 선명하게 나온 사진들을 쉽게 바꿀 수 있어요. 뷰티 앱처럼 자동으로 보정하는 기능도 있고, RAW 이미지 파일까지 편집할 수 있어서 멋진 사진 만들기에 딱이죠.

스냅시드를 이용해 나의 버킷리스트 바탕화면을 만들어 보아요!

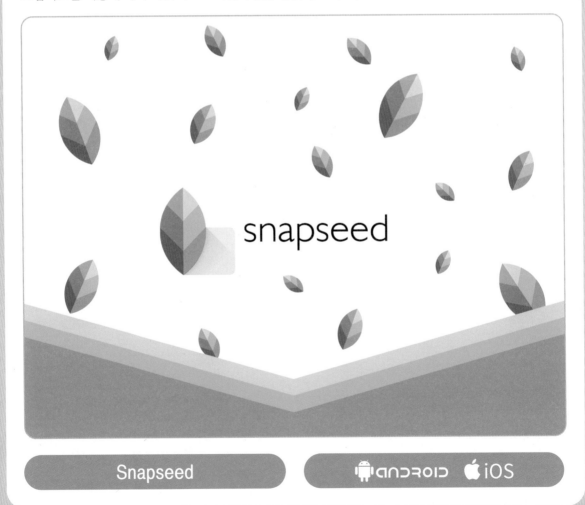

| Snapseed | ᴀɴᴅʀᴏɪᴅ iOS |

스냅시드를 실행한 후 **열기** 버튼 또는 **+** 버튼을 클릭하여 원하는 이미지를 불러오세요. 불러온 이미지의 오른쪽 위에 있는 ⌒ 버튼을 클릭하면 위와 같이 다양한 스타일 효과를 적용할 수 있어요. 원하는 효과를 적용해 주세요.

이미지 오른쪽 중앙에 있는 ✏ 버튼을 클릭하면 위와 같이 이미지를 보정할 수 있는 다양한 도구가 나타납니다. **기본 보정**은 이미지의 노출과 색상을 수정해요. 자동으로 이미지를 조정하거나 밝기, 대비, 채도, 분위기, 하이라이트, 음영, 따뜻함 등을 수동으로 보정할 수 있어요.

선명도 도구로 구조 및 이미지를 선명하게 조정할 수 있어요. 이미지의 아래에 있는 **조정** 버튼을 클릭하면 **구조** 또는 **선명하게** 메뉴를 선택할 수 있어요. 손가락을 좌우로 움직이면 조절이 가능해요.

커브 도구로 이미지의 밝기를 세밀하게 조정할 수 있어요. 또한 **채널**과 **스타일**을 수정해 다양한 분위기를 연출할 수도 있어요.

화이트 밸런스 도구로 자연스럽게 색상을 조정할 수 있어요. 색 온도를 자동 조정 및 수동으로 변경할 수 있어요.

자르기 도구로 정사각형 또는 특정 비율로 이미지를 자를 수 있어요. 이미지에서 불필요한 부분을 잘라 주세요.

회전 도구로 이미지를 반전하거나 회전할 수 있어요. 사진을 좌우 또는 상하로 뒤집거나 수직, 수평을 맞출 때 이용하면 편리해요.

원근 왜곡 도구로 이미지를 기울이거나 회전, 크기 조정, 모서리 위치 자유 변형을 할 수 있어요. 변형으로 인해 생긴 여백은 **채우기 모드**를 이용하여 자동, 흰색, 검은색으로 채울 수 있어요.

확장 도구로 캔버스의 크기를 늘릴 수 있어요. 늘어난 배경을 자동으로 채우거나 흰색 또는 검은색으로 채울 수 있어요. 피사체의 위치를 수정하기 위해 배경을 늘려야 하는 경우에도 편리하게 이용할 수 있어요.

부분 보정 도구로 최대 8개의 기준점을 지정하고 밝기, 채도 등을 조정할 수 있어요. 이미지에서 어둡거나 밝은 지점을 클릭해 조정해 주세요.

브러시 도구로 노출, 온도, 채도 등을 선택하여 부분적으로 효과를 주거나 뺄 수 있어요. 밝기, 노출, 온도, 채도를 선택한 후 위, 아래 화살표로 값을 조절해 주세요. 효과를 주고 싶은 부분을 선택하시면 됩니다.

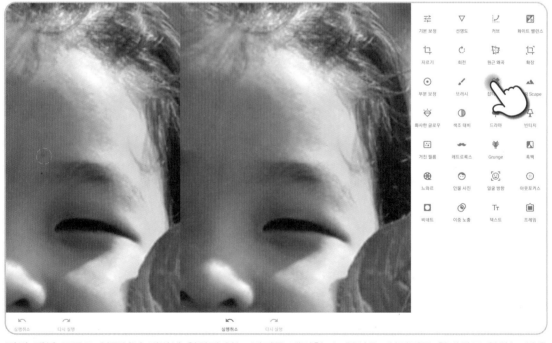

잡티 제거 도구로 얼굴이나 배경에 원하지 않는 잡티를 제거할 수 있어요. 이미지를 확대하고 원하는 곳을 터치해 잡티를 제거해 주세요.

HDR Scape 도구로 사람이 실제 눈으로 보는 것에 가깝게 밝기의 범위를 확장할 수 있어요. 이미지가 자연 풍경인지 인물인지 선택할 수 있고 필터 강도와 밝기 채도도 선택할 수 있어요.

화사한 글로우 도구로 발광 스타일에 따라 다섯 가지를 선택하거나 발광, 채도, 따뜻한 효과를 조절할 수 있어요. 좌우로 터치하여 적용 수치를 조절할 수도 있어요.

색조 대비 도구로 노출 값을 변경하여 음영 및 밝은 톤에 대비 효과를 적용할 수 있어요. 밝은 톤, 중간 톤, 어두운 톤을 선택하여 조절해 주세요. 이때 밝은 톤이나 어두운 톤을 유지할 수도 있어요.

드라마 도구로 화려한 예술 효과에서 미세한 보정까지 드라마틱한 스타일을 적용할 수 있어요. 다섯 가지 스타일 외에도 필터 강도 및 채도를 원하는 대로 조정할 수 있어요.

빈티지 도구로 1950년대부터 1970년대의 오래된 필름 효과를 적용할 수 있어요. 12개의 필터 외에도 밝기, 채도, 스타일, 비네트 효과를 원하는 대로 조정할 수 있어요.

거친 필름 도구로 필름에 입자감이 나도록 인화한 효과를 적용할 수 있어요. **조정** 버튼을 클릭하면 입자를 조정할 것인지, 스타일의 강도를 조정할 것인지 선택할 수 있어요.

레트로룩스 도구로 복고 스타일 느낌을 적용할 수 있어요. 13가지의 스타일 외에도 밝기, 채도, 대비, 스타일 강도, 스크래치, 빛샘 등 원하는 효과로 조정할 수 있어요.

Grunge 도구로 강한 스타일의 질감을 적용할 수 있어요. 그런지 효과를 임의로 설정할 수도 있고, 스타일, 밝기, 대비, 텍스처 감도, 채도 등을 원하는 대로 설정할 수 있어요.

흑백 도구로 오래된 흑백사진 효과를 줄 수 있어요. 빠른 스타일 적용 방법 외에도 색상 필터나 밝기, 대비, 입자 등 원하는 효과로 조정할 수 있어요.

느와르 도구로 마치 흑백 무성영화와 같은 느낌을 줄 수 있어요. 느와르 스타일을 선택할 수도 있고 밝기, 워시, 입자, 필터 강도 등을 조절하여 나만의 스타일로 변경할 수도 있어요.

인물 사진 도구로 눈에 초점을 넣거나 피부를 매끄럽게 할 수 있어요. 스포트라이트를 비롯해 피부, 눈동자를 보정할 수 있어요.

얼굴 방향 도구로 인물의 얼굴 방향을 살짝 보정할 수 있어요. 손가락으로 상하좌우를 문지르면 얼굴의 방향이 미세하게 바뀝니다.

아웃포커스 도구로 블러 효과를 통해 피사체를 돋보이게 할 수 있어요. 선형 또는 타원형 포커스를 선택하고 강도를 조절해 주세요. 옵션을 통해 블러 강도, 전환, 비네트 강도를 세밀하게 조정할 수 있어요.

비네트 도구로 이미지 피사체를 효과적으로 강조하기 위해 주변을 어둡게 적용할 수 있어요. 파란색 점을 좌우로 문지르며 효과를 더하거나 빼 주세요.

이중 노출 도구로 기존 이미지에 한 장의 이미지를 더 추가하여 합성할 수 있어요. **이미지 열기** 버튼을 클릭하여 이미지를 추가한 후 적합한 위치로 드래그하고 투명도를 설정해 주세요.

오른쪽 위에 있는 **레이어** 도구를 선택한 후 **수정 단계 보기**를 선택해 주세요. **이중 노출** 메뉴에서 **마스크**를 볼 수 있도록 활성화한 후 원하는 곳을 지우면 직접 확인하면서 자연스럽게 합성할 수 있어요.

텍스트 도구로 다양한 스타일의 텍스트 템플릿을 활용할 수 있어요. 텍스트 스타일을 먼저 선택하신 후 원하는 글을 작성해 주세요. 템플릿 컬러와 투명도를 선택할 수 있어요.

프레임 도구로 이미지 테두리에 프레임을 만들 수 있어요. 단순한 프레임부터 빈티지 느낌의 프레임까지 다양한 프레임이 있답니다. 손가락을 좌우로 문지르며 프레임의 폭을 조절할 수 있어요.

버킷리스트 바탕화면 만들기

1 죽기 전에 꼭 이루고 싶은 버킷리스트를 적어 보고, 이에 어울리는 배경사진을 찾아 스냅시드로 각도와 비율을 조절해 주세요.

2 스냅시드 이중 노출 기능으로 내 사진을 불러온 후 마스크를 이용하여 자연스럽게 합성해 주세요.

3 기본 보정, HDR Scape 도구로 원하는 분위기를 연출한 후 텍스트 도구로 버킷리스트에 사용할 이미지를 완성해 주세요.

4 이와 같이 버킷리스트에 어울리는 이미지를 여러 장 제작해 주세요.

전 세계적으로 2,000만 권 이상 팔린 최고의 베스트셀러인 '더시크릿'의 저자 론다 번은 성공한 사람들의 공통점을 연구했어요. 그 비밀은 목표를 갖고, 이룰 것이라 믿으며, 그만큼 노력해야 한다는 것이라고 해요. 그러기 위해서는 잊지 않도록 자주 볼 수 있게 비전 보드로 만드는 것이 좋아요. 되고 싶은 나의 모습, 이루고 싶은 나의 꿈을 담은 비전 보드를 만들면 언젠가는 정말 그렇게 될 수 있을 거예요.

꿈을 현실로 만드는 방법! 스냅시드로 나만의 버킷리스트를 만들어 바탕화면에 설치해 볼까요?

5 미리캔버스 템플릿 중 바탕화면에 사용할 디자인을 선택한 후 이미지 프레임을 배치해 주세요. ▶ miricanvas 사용법 참고

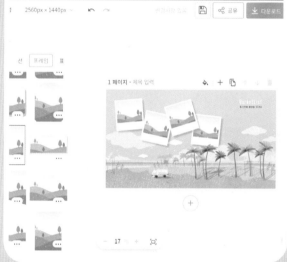

6 스냅시드에서 제작한 버킷리스트 사진을 이미지 프레임에 삽입하고 버킷리스트를 작성하여 바탕화면 디자인을 완성해 주세요.

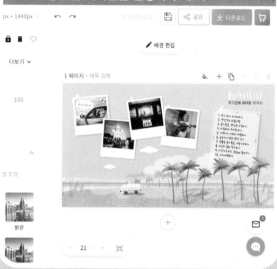

Teaching 꿀팁!

1. 버킷리스트는 미래를 꿈꾸고 설계하는 데 도움을 줍니다. 버킷리스트를 시각화하여 자주 볼 수 있다면 꿈을 이루기 위해 더욱 노력하게 되겠죠? 학생들이 버킷리스트를 작성하고 시각화할 수 있도록 지도해 주세요.
2. 학생들이 참고할 수 있도록 버킷리스트 추천 목록과 유명인의 버킷리스트를 보여주세요.
3. 버킷리스트 이미지는 컴퓨터 바탕화면뿐 아니라 스마트폰 배경화면으로도 제작할 수 있어요.
4. 버킷리스트가 아니더라도 작심삼일이 되지 않도록 작은 목표부터 시각화하고 실천에 옮기는 것도 좋아요.

3D 디자인부터 VR, AR까지, 코스페이시스!

코스페이시스는 3D 환경과 오브젝트를 만들고, 코딩을 통해 동작을 추가하여 가상현실과 증강현실로 작품을 감상할 수 있는 도구에요. 코스페이시스에 있는 3D 요소들을 이용하면 새로운 3D 창작물을 만들 수 있고, 이미지, 음원, 동영상, 3D 파일을 외부에서 가져올 수도 있어요. 과제를 학급 단위로 생성하고, 과제 제출에서 확인까지 학급을 관리할 수 있는 클래스 기능도 있답니다.

공간 디자인도 손쉽게! 코스페이시스를 이용해 나만의 미술관을 만들어 보아요!

CoSpaces Edu	

코스페이스를 이용하기 위해서는 회원 가입을 해야 해요. Apple, Google, Microsoft 계정으로 쉽게 가입할 수 있어요. 학생 또는 선생님 중 하나를 선택한 후 약관에 동의하면 가입한 계정으로 확인 메일이 발송돼요. 해당 메일을 열고 'Confirm email'을 클릭하면 로그인할 수 있답니다.

내 코스페이스를 만들면서 기본적인 코스페이시스 사용법을 설명할게요.
내 코스페이스 메뉴에서 **+ 코스페이스 만들기** 버튼을 클릭한 후 장면 유형을 3D 환경으로 선택해 주세요.

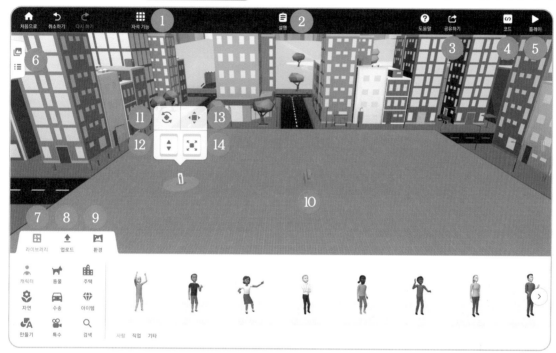

① **자석 기능** 아이템에 붙이거나 격자에 맞춰 배열할 수 있어요.
② **설명** 과제일 경우, 과제에 관한 설명을 볼 수 있어요.
③ **공유하기** 결과물을 갤러리에 공유하거나 링크 주소를 공유받은 사람만 볼 수 있게 비공개로 공유할 수 있어요.
④ **코드** 코블록스를 이용하여 아이템 동작, 형태, 제어, 연산 등을 하는 코드를 생성 및 편집할 수 있어요.
⑤ **플레이** 결과물을 실행해 볼 수 있어요.
⑥ **목록** 장면과 카메라 및 아이템 목록을 볼 수 있어요. 장면을 추가, 복사, 삭제할 수 있어요.
⑦ **라이브러리** 캐릭터, 동물, 주택, 자연, 수송, 아이템 등 코스페이시스에서 제공하는 아이템을 볼 수 있어요.
⑧ **업로드** 이미지, 3D 모델, 비디오, 소리 등 컴퓨터에 있는 파일을 코스페이시스로 업로드할 수 있어요.
⑨ **환경** 원하는 배경과 바닥 이미지, 배경음악을 선택할 수 있어요.
⑩ **카메라** 위치 이동, 회전을 할 수 있어요.
⑪ **회전** 드래그하여 요소를 회전할 수 있어요.
⑫ **상하 이동** 좌우 또는 앞뒤 이동은 하지 않고 오로지 상하로 이동할 수 있어요.
⑬ **이동** 사방으로 이동할 수 있고, 제자리에서 옆으로 회전할 수도 있어요.
⑭ **스케일** 클릭 후 드래그하면 요소의 크기를 확대 또는 축소할 수 있어요.

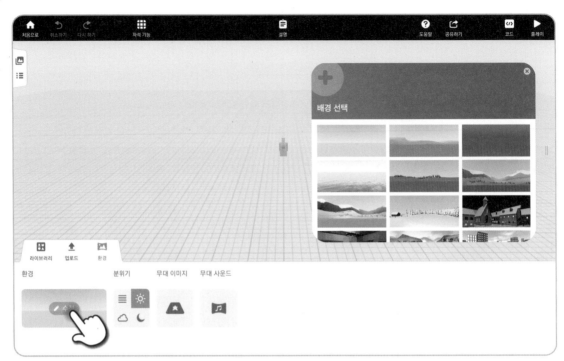

환경 탭에서 **수정** 버튼을 클릭하면 배경을 선택할 수 있는 화면이 나타납니다. 원하는 배경을 선택해 주세요. 화면을 움직이면서 선택한 배경을 둘러볼 수 있어요.

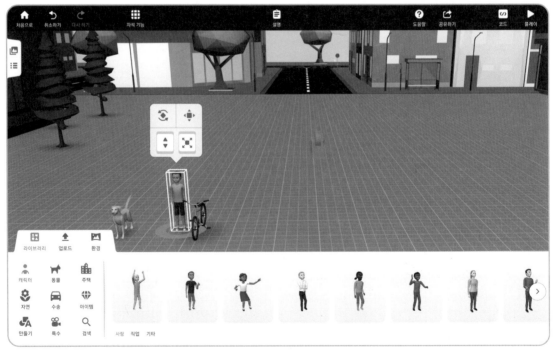

라이브러리 탭에 있는 다양한 요소를 끌어와 멋지게 배치해 보세요.

요소를 더블클릭하면 왼쪽과 같은 메뉴가 나타납니다.

① **아이템명** 아이템의 이름을 수정할 수 있어요.

② **코드** 코블록스를 사용할 수 있는 권한을 주거나 이름을 볼 수 있도록 설정할 수 있어요.

③ **문장** 생각하기 또는 말하기 말풍선 문구를 삽입할 수 있어요.

④ **물리** 정밀한 충돌, 고정하기, 질량, 탄력, 마찰 설정 등 물리 엔진을 이용할 수 있어요.

⑤ **이동** 정확한 수치를 입력해 위치, 회전, 크기를 설정할 수 있어요.

⑥ **애니메이션** 움직임을 추가할 수 있어요.

⑦ **재질** 옷, 피부, 머리카락 등 색과 투명도를 설정할 수 있어요.

⑧ **붙이기** 도구를 선택하면 붙일 수 있는 위치에 파란색 구가 표시되는 걸 볼 수 있어요. 원하는 위치의 파란색 구를 클릭하면 붙여서 함께 움직일 수 있어요.

⑨ **마스크** 적용한 요소는 보이지 않아요. 다른 요소들도 마스크를 적용한 요소와 겹치는 순간에는 보이지 않아요.

⑩ **잠금** 선택되지 않아요. 잠금 해제하면 원래대로 돌아가요.

⑪ **복사** 선택한 요소를 복제할 수 있어요.

⑫ **삭제** 선택한 요소를 삭제할 수 있어요.

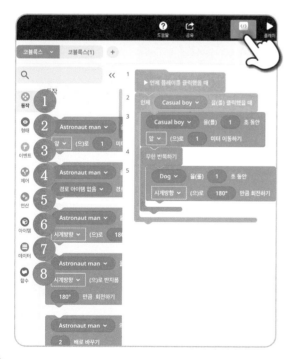

오른쪽 위에 있는 코드 버튼을 클릭하면 코드를 요소에 삽입할 수 있어요. 코블록스를 사용할 수 있도록 코드를 삽입할 요소에 체크 표시를 해 주어야 합니다. 요소명으로 제어할 수 있으므로 기억할 수 있는 이름으로 변경해 주세요.

① **동작** 이벤트가 발생했을 때 요소가 이동 및 회전하거나 크기가 바뀌도록 설정할 수 있어요.

② **형태** 말하기, 색상, 불투명도 등을 설정할 수 있어요.

③ **이벤트** 실행 시점과 닿거나 떨어질 때 일어날 수 있는 이벤트를 설정할 수 있어요.

④ **제어** 반복이나 조건을 설정할 수 있어요. 장면 전환도 할 수 있어요.

⑤ **연산** 수학 연산 값을 설정할 수 있어요.

⑥ **아이템** 아이템을 삭제하거나 가져올 수 있어요.

⑦ **데이터** 변수와 변숫값을 설정할 수 있어요.

⑧ **함수** 함수를 만들 수 있어요.

선생님일 경우 코스페이시스를 편리하게 활용하기 위해 학급 단위로 관리할 수 있습니다. **내 학급** 메뉴의 왼쪽 위에 있는 ➕ 학급 만들기 버튼을 클릭하면 학급이 만들어지고 학생을 추가할 수 있는 학급 코드가 생성됩니다.

학생으로 가입할 때는 **아직 계정을 만들지 않았나요?** 버튼을 클릭해야 합니다. **학생**을 선택한 후 선생님이 만드신 코스페이시스 학급 코드를 입력해 주세요. 만약 학급 코드를 다시 확인하려면 선생님 화면 **내 학급** 페이지에서 확인할 수 있어요. 학급 코드를 입력한 후 이름, 아이디, 비밀번호를 입력해 주세요. 이름은 영어와 한글이 가능하지만 아이디는 영어만 가능해요.

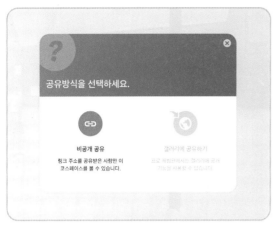

공유 버튼을 클릭하면 결과물을 공유할 수 있어요. **비공개 공유**를 선택하면 링크 주소를 공유받은 사람만 결과물을 볼 수 있어요. 선생님이 내 주신 과제물로 등록된 결과물은 선생님께 자동으로 공유된답니다. 선생님 화면에서 함께 감상할 수 있어요.

공유 화면에서 **플레이** 버튼을 누르면 코스페이시스를 확인할 수 있어요. 한 번 공유한 작업물을 다시 공유하고자 할 때는 공유할 수 있는 QR코드와 공유 코드, 공유 링크가 나타나요.

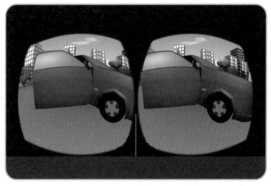

플레이 버튼을 누르면 오른쪽 아래에 증강현실로 확인할 수 있는 버튼과 가상현실로 확인할 수 있는 버튼이 나타나요. 스마트폰 코스페이시스 앱에서 로그인한 후 카드보드를 이용하면 결과물을 가상현실로 볼 수 있어요.

나만의 디지털 미술관 만들기

1 라이브러리에서 제공하는 요소들로 멋진 미술관의 배경과 내부를 제작해 주세요.

2 구글 아트 앤 컬쳐에서 캡처한 그림 이미지를 업로드해 볼거리가 많도록 전시해 주세요.
▶ Google Arts & Culture 사용법 참고

3 생각하기, 말하기 문장과 코블록스 코딩으로 장면을 보다 생동감 있게 제작해 주세요.

4 3DC.io로 만든 조각품도 전시해 보세요.
▶ 3DC.io 사용법 참고

주택은 마당, 다락방, 지하실 등 다양한 공간이 많아서 집 구석구석을 뛰어다니며 공간에 대한 감각을 키울 수 있었지만 요즘은 아파트가 많아져서 많은 사람이 2차원적인 공간에 살다 보니 공간적 상상력이 부족해질 수 있습니다. 실제 공간을 만들고 체험하는 건 쉽지 않겠죠? 코스페이시스에서는 오브젝트와 공간을 설계, 디자인하며 공간 감각과 상상력을 키울 수 있어요.

3차원 공간을 디자인할 수 있는 코스페이시스를 이용하여 우리만의 디지털 미술관을 만들고 작품을 전시해 볼까요?

5 완성물을 AR로 감상해 보세요.

6 카드보드를 이용해 VR로 감상해 보세요.

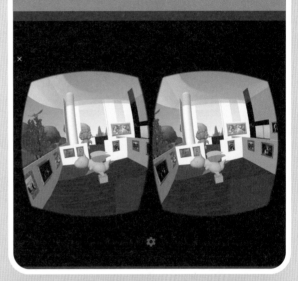

Teaching 꿀팁!

1. VR, AR, MR의 개념을 이해하기 쉽게 설명해 주세요.
2. 코스페이시스 학급 코드를 먼저 만들어 주세요. 한 학급까지는 무료 계정으로도 만들 수 있어요. 이때 학급당 학생 계정은 30명까지 가능합니다.
3. 만들어 놓은 학급 코드를 학생들에게 알려주면 각 학생 계정으로 가입할 수 있어요.
4. 코스페이시스로 디자인한 결과물을 VR로 체험해 보기 위해서는 카드보드를 미리 준비해 주세요.
5. 미술관의 기능과 형태를 알아보고 미래형 미술관을 만들어 본 후 직접 큐레이션할 수 있도록 지도해 주세요.
6. 우리 학급 결과물을 전시하는 미술관을 만드는 것도 좋아요.
7. 플레이 상태에서 녹화 버튼을 누르면 관람 모습을 동영상으로 저장할 수도 있어요.

스마트폰으로 3D 캐릭터 디자인까지, 3DC!

스마트폰으로도 3D 모델링을 할 수 있어요! 과거에 3D 모델링을 하려면 고사양 컴퓨터가 있어야 했는데, 이제는 스마트폰과 패드만으로도 3D 모형을 만들 수 있는 놀라운 세상이 되었습니다. 여러 모양의 오브젝트를 합치며 다양한 모양을 만들 수 있고, 3D 캐릭터도 만들 수 있어요. 이렇게 만든 결과물을 갤러리에 공유하여 친구들과 같이 볼 수도 있고, 3D 프린터로 출력해 볼 수도 있어요.

이쯤 되면 진짜 크리에이터라 할 수 있겠죠? 3DC를 이용해 신화 속 동물 캐릭터를 만들어 보아요!

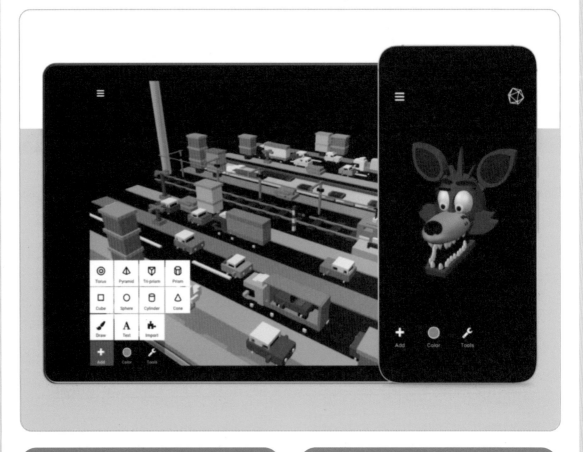

3DC.io

📱ANDROID 🍎iOS

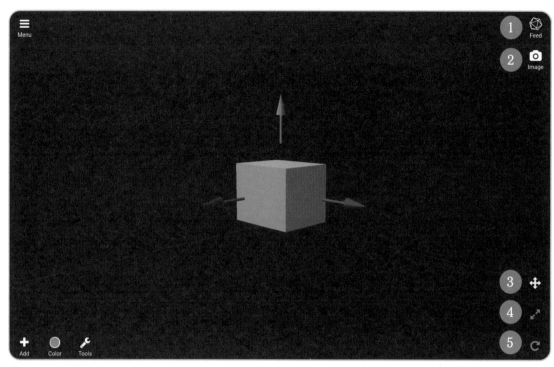

① **Feed** 작품을 공유할 수 있고 다른 이용자들의 결과물을 볼 수도 있어요.

② **Image** 렌더링 이미지를 저장하거나 공유할 수 있어요.

③ **이동** X, Y, Z 축으로 나온 원뿔 모양을 드래그하면 오브젝트를 이동할 수 있어요.

④ **크기 조절** X, Y, Z 축으로 나온 정육면체 모양을 드래그하면 오브젝트의 크기를 확대, 축소할 수 있어요.

⑤ **회전** X, Y, Z 축으로 나온 링 모양을 드래그하면 오브젝트를 회전할 수 있어요.

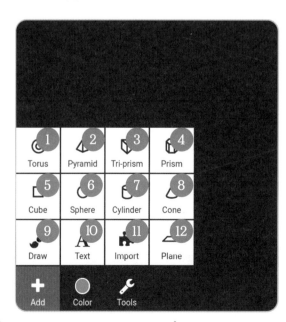

왼쪽 아래에 있는 **+ Add** 버튼을 클릭하면 아래와 같은 도구가 나와요.

① **Torus** 도넛 모양의 도형을 추가할 수 있어요.

② **Pyramid** 피라미드 도형을 추가할 수 있어요.

③ **Tri-prism** 삼각기둥 도형을 추가할 수 있어요.

④ **Prism** 육각기둥 도형을 추가할 수 있어요.

⑤ **Cube** 정육면체 도형을 추가할 수 있어요.

⑥ **Sphere** 구형(공 모양)을 추가할 수 있어요.

⑦ **Cylinder** 원기둥 도형을 추가할 수 있어요.

⑧ **Cone** 원뿔 도형을 추가할 수 있어요.

⑨ **Draw** 오브젝트를 그릴 수 있어요.

⑩ **Text** 영문, 숫자, 특수문자를 입력할 수 있어요.

⑪ **Import** 저장된 모델을 가져올 수 있어요.

⑫ **Plane** 바닥 면을 추가할 수 있어요.

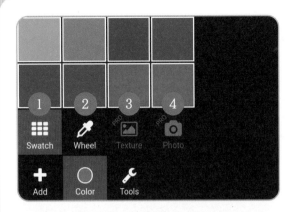

왼쪽 아래에 있는 **Color** 버튼을 클릭하면 오브젝트의 컬러를 변경할 수 있어요.

① **Swatch** 컬러 파레트에 있는 색을 클릭해서 오브젝트 컬러를 변경해요.

② **Wheel** 컬러 휠에서 원하는 컬러를 선택해요.

③ **Texture** 재질을 추가할 수 있어요. 유료 사용자만 이용할 수 있어요.

④ **Photo** 사진을 추가할 수 있어요. 유료 사용자만 이용할 수 있어요.

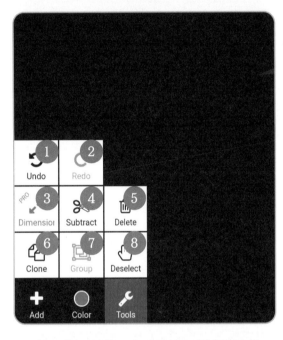

Tools 버튼을 클릭하면 아래 작업을 할 수 있어요.

① **Undo** 이전 단계로 돌아가요.

② **Redo** 다시 실행해요.

③ **Dimension** 정확한 수치를 입력하여 오브젝트 위치, 크기, 각도를 설정할 수 있어요. 유료 버전만 사용할 수 있어요.

④ **Subtract** 겹치는부분을 잘라 낼 수 있어요.

⑤ **Delete** 선택한 오브젝트를 삭제해요.

⑥ **Clone** 선택한 오브젝트를 복사해요.

⑦ **Group** 선택한 오브젝트를 그룹 지을 수 있어요. 오브젝트를 선택한 후 그룹으로 묶고 싶은 다른 오브젝트를 차례대로 선택해요. 2개 이상의 오브젝트가 선택되면 Group 버튼이 활성화돼요.

⑧ **Deselect(Select All)** 전체 선택과 선택 해제할 수 있어요.

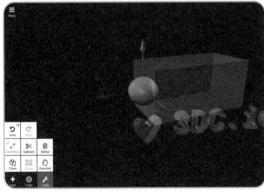

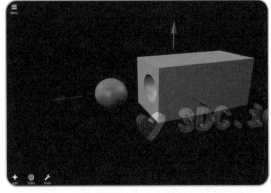

④ **Subtract**를 이용하면 오브젝트끼리 겹치는 부분을 뺄 수 있어요. 볼링공이나 필통처럼 구멍을 뚫어야 하는 오브젝트를 만들 때 유용하게 사용할 수 있어요.

왼쪽 위에 있는 **Menu**에 관해 설명할게요.

FILE

· **New Project** 새로운 프로젝트를 시작해요.
· **Save File** 파일명을 입력하고 저장해요.
· **Load File** 저장된 파일을 가져와요.
· **Import Model from Gallery** 갤러리에 있는 모델을 URL로 가져와요.
· **Import Saved Model** 저장된 모델을 가져와요.

SHARE

· **Share Online** 완성된 작품을 3DC 갤러리에 업로드하여 공유해요.
· **Invite friends to 3DC.io** 3DC.io에 친구를 초대해요.
· **Export Screenshot** 스크린샷을 메일이나 드라이브에 내보내요.
· **Export.DAE for Editing** DAE 확장자로 내보내요.
· **Export.OBJ for Editing** OBJ 확장자로 내보내요.
· **Export.STL for Editing** STL 확장자로 내보내요.

3D 파일 포맷의 종류 및 특징

· **DAE** 다양한 그래픽 소프트웨어 애플리케이션 간 자료를 교환하기 위한 공개 표준 XML 구조로 만들어진 파일이에요. 일반적으로 .dae(디지털 자산 교환) 파일명 확장자로 식별되는 XML 파일이랍니다.

· **OBJ** 3D 지오메트리만을 나타내는 간단한 데이터 형식이에요. 오브젝트, 재질, 패턴 정보를 함께 저장해요. 서로 다른 컴퓨터 소프트웨어 패키지 간에 광범위하게 지원되기 때문에 자료를 교환하는 데 유용해요.

· **STL** 3D 프린터나 조각기의 gcode 생성에 쓰이는 포맷이에요. 3차원 스캔 데이터의 전용 포맷이기도 해요.

3D 프린터로 출력하기 위해서는 OBJ 파일이나 STL 파일로 저장해야 해요.

SETTINGS

· **Snap to Grid** 그리드에 맞춰 오브젝트가 정렬되는 것을 ON, OFF로 설정할 수 있어요.
· **System of Measurement** 측정 단위를 inch(인치)와 mm(밀리미터) 중에서 선택할 수 있어요.
· **Send Usage Statistics** 사용 통계 보내기 여부를 선택할 수 있어요.
· **High Quality mode** 고품질 모드에서 작품을 만들 수 있어요.
· **Offline mode** 오프라인 모드 사용 여부를 선택할 수 있어요. 공유하려면 온라인 상태여야 합니다.
· **Choose Language** 영어를 포함하여 9개 언어가 있어요.
· **Restore In-App Purchases** 인앱 구매 내용을 복원할 수 있어요.

신화 속 동물 캐릭터 만들기

1 신화 속에 등장하는 동물을 조사해 보고 어떤 동물을 만들 것인지 구상해 보세요.

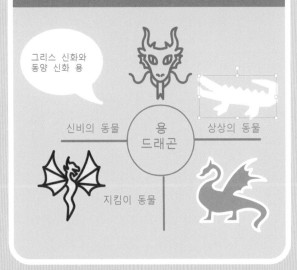

2 구상한 동물을 3DC로 제작해 보세요. Sphere, Cone, Draw로 오브젝트를 생성한 후 합치거나 잘라서 형태를 만들어요.

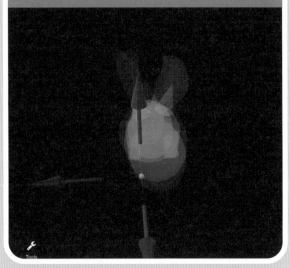

3 눈과 뿔을 만들어 오브젝트를 합친 후 Draw를 활용하여 날개를 완성해요.

4 황금 털을 가진 양도 3DC로 만들어요. 얼굴, 몸통, 팔과 다리를 먼저 만들고 털, 뿔, 눈, 입을 비율에 맞춰 만들어요.

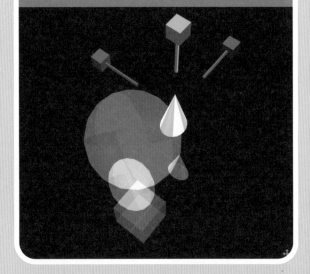

드래곤, 유니콘, 반수반인의 켄타우로스까지…. 신화 속에 등장하는 상상의 동물들이 있죠. 신이 사는 세계와 인간 세상을 이어 주는 매력적인 동물의 캐릭터를 만들어 보는 건 어떨까요? 신화 속 동물 캐릭터를 만들어 보면 역사와 문화, 인간과 신에 대해 자연스럽게 배울 수 있고, 내가 만든 3D 캐릭터와 함께 신화 속 영웅이 되는 상상도 해 볼 수 있겠네요.

3DC를 이용해 매력적인 3D 캐릭터를 만들어 신화 속 주인공이 되어 볼까요?

5 완성된 후 눈, 코, 입의 색상을 변경해 주세요. Image 버튼을 클릭하면 공유할 수 있어요.

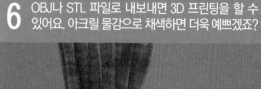

6 OBJ나 STL 파일로 내보내면 3D 프린팅을 할 수 있어요. 아크릴 물감으로 채색하면 더욱 예쁘겠죠?

Teaching 꿀팁!

1. 신화의 유래에 관해 이야기해 주세요. 인간은 왜 신화를 만들게 되었고, 이로 인해 어떤 긍정적인 효과와 부정적인 효과가 있었는지도 생각해 볼 수 있도록 지도해 주세요.
2. 3D로 만들고 싶은 캐릭터를 2D로 먼저 스케치할 수 있도록 지도해 주세요.
3. 기존에 있는 캐릭터를 따라 만드는 것도 좋지만, 상상 속의 새로운 캐릭터를 만들어 보면 더 좋겠죠.
4. 3D 프린터가 있다면 학생들의 결과물을 출력해서 전시해도 좋아요.
5. 3D 프린터 출력물을 다듬을 때 다치지 않도록 주의시켜 주세요.
6. 아크릴 물감으로 채색하면 더욱 멋진 캐릭터를 만들 수 있어요.

↝ 영상 편집 이거 하나로 끝, 블로!

스마트폰 사진 보관함에 사진이 얼마나 저장되어 있나요? 직접 찍은 영상은 몇 개나 되죠? 김춘수 시인의 '꽃'이라는 시에 '내가 그의 이름을 불러 주었을 때 그는 나에게로 와서 꽃이 되었다'라는 구절이 있죠. 내가 찍은 수많은 사진과 영상도 마찬가지에요. 내가 편집해 주기 전에는 한낱 사진, 영상 클립에 불과하지만, 내가 편집으로 숨을 불어넣는 순간, 작품이 됩니다. 이제 스마트폰으로도 아주 쉽게 멋진 동영상을 만들 수 있어요.

목소리 녹음에 음향 효과와 배경음악까지! 블로를 이용해 영상 동화책을 만들어 보아요!

VLLO

안DROID iOS

갤러리에서 사진을 선택하세요. 클릭한 순서대로 아래에 정렬돼요. 순서를 변경할 때는 변경할 사진을 길게 누른 후 원하는 위치로 옮겨주세요.

블로에는 동영상을 편집할 수 있는 **멋진 비디오**와 사진에 모션 스티커를 추가하여 움직이는 사진을 만들 수 있는 **모션 포토**가 있어요.

사진 선택이 완료되면 화면 비율과 사진 시간을 설정할 수 있어요. 사진 시간은 영상에서 사진이 보여지는 시간이고, 1초에서 15초까지 설정할 수 있어요.

편집할 사진을 선택하고 좌우 삼각형을 이용하면 시간을 늘리거나 줄일 수 있어요.

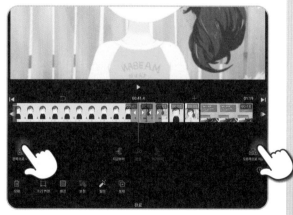

영상을 선택한 후 **왼쪽으로 이동, 오른쪽으로 이동** 버튼을 누르면 영상의 순서를 바꿀 수 있어요.

배경을 클릭하면 색상, 그라데이션, 패턴을 변경하거나 배경을 흐리게 처리할 수 있어요(단, 패턴과 블러는 유료로 사용할 수 있어요).

배경음악을 클릭하면 저작권 없는 무료 배경음악을 이용할 수 있어요. 내 음원을 업로드하려면 광고를 시청해야 해요. 만약 유료 배경음악을 사용했을 경우에는 영상을 무료로 저장할 수 없어요.

음원 **부분 설정**을 클릭하면 부분적인 편집이 가능해요. 목소리가 나올 때 배경음악 소리를 줄일 때 용이
해요. 서서히 배경음악이 나오거나 줄어드는 페이드 효과도 적용해 보세요.

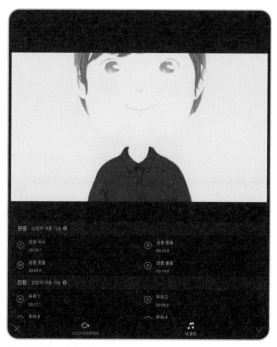
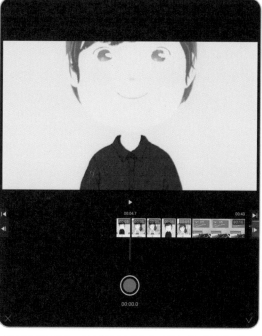

효과음을 적용하거나 **목소리**를 녹음할 수 있어요. 블로에서 제공하는 효과음이 아닌 외부 효과음을 추가
하려면 배경음악과 마찬가지로 광고를 시청해야 해요. 효과음과 목소리 모두 부분 설정이 가능합니다.

모션 스티커에서 스티커, 라벨, 템플릿을 적용할 수 있어요. 영상 위에 붙이는 움직이는 스티커는 영상의 재미를 더해 줘요. 라벨은 타이틀 제작할 때 용이해요. 템플릿을 이용하면 다양한 효과를 연출할 수 있어요.

글자를 클릭하면 단순 글자와 자막을 삽입할 수 있어요. **글자**를 입력한 후 부분 설정을 이용하면 엔딩 크레딧처럼 위로 올라가는 텍스트 영상을 만들 수 있어요. **자막**은 원하는 디자인을 선택해야 이용할 수 있어요.

PIP를 선택하면 영상 위에 이미지, GIF를 추가할 수 있어요. 이미지 및 GIF 크기 변경, 투명도 설정, 크로마키 등의 기능도 있어요.

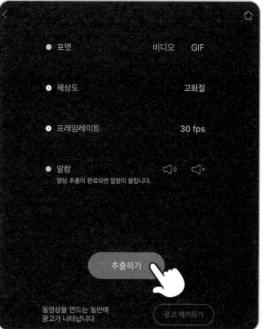

편집이 완료되면 오른쪽 위 **내보내기** 버튼을 클릭한 후 **추출하기** 버튼을 클릭해 주세요. 동영상을 만드는 동안 광고가 나타납니다. 동영상이 완료되면 비디오 앨범에 저장돼요.

영상 동화책 만들기

1 모둠별로 동화책을 기획하고 시나리오를 만들 어요. 역할을 정하고 이미지를 제작해요.

2 나의 최애캐 또는 최애펫으로 장면의 흐름에 맞는 이미지를 만들 수 있어요. ▶ 나의 최애 펫 사용법 참고

3 블로에서 시나리오 순서에 맞게 이미지를 불러 와요. 편집 화면에서는 왼쪽으로 이동, 오른쪽으 로 이동 버튼을 이용하여 순서를 바꿀 수 있어요.

4 글자 기능으로 동화 속 이야기를 자막으로 입력해 주세요. 부분 설정을 이용하여 자막이 흘러가거나 사라지는 효과를 연출할 수 있어요.

영화와 드라마를 보듯 생생하게 움직이는 동화를 볼 수 있다면 얼마나 재밌을까요? 읽는 동화책이 아니라 보고 듣는 동화책을 만들 수 있다면 정말 멋지겠죠? 시나리오를 작성하고 시나리오에 어울리는 이미지를 만든 후 음향과 음악을 추가하여 재미있는 영상 동화책을 만들어 볼 거예요.

나는 영상 동화작가! 블로를 이용하여 영상 동화책을 만들고 유튜브 크리에이터에도 도전해 볼까요?

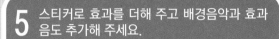

5 스티커로 효과를 더해 주고 배경음악과 효과음도 추가해 주세요.

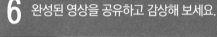

6 완성된 영상을 공유하고 감상해 보세요.

Teaching 꿀팁!

1. 새로운 이야기를 창작하기 어려워하는 학생들은 기존에 있는 동화 이야기를 패러디해서 만들어 보면 쉽게 시작할 수 있어요.
2. 이야기에 맞는 영상 시나리오를 먼저 만들어 보도록 지도해 주세요.
3. 시나리오가 준비되면, 시나리오에 맞춰 필요한 이미지를 계획하고 역할 분담을 하여 이미지를 제작하도록 지도해 주세요.
4. 나의 최애캐, 나의 최애펫, 메이투, 모지팝 등 캐릭터를 만들 수 있는 앱을 활용하면, 동화책에 필요한 등장인물과 이미지를 쉽게 만들 수 있어요.

m 영상 편집도 초간단하게, 멸치!

이름만큼 재미있는 영상 편집 도구, 멸치! 멸치는 이름만큼 가볍고 누구나 빠르게 사진과 영상을 편집할 수 있는 앱이에요. 마음에 드는 템플릿을 선택한 후 템플릿에서 요구하는 이미지, 영상, 텍스트만 추가하면 멸치가 혼자 알아서 영상을 만들어 준답니다. 기념일 축하 영상이나 행사 초대 영상과 같은 영상을 만들 때 아주 유용해요.

맛있게 재미있는 영상 도구! 멸치를 이용해 '수학 시' 영상을 제작해 보아요!

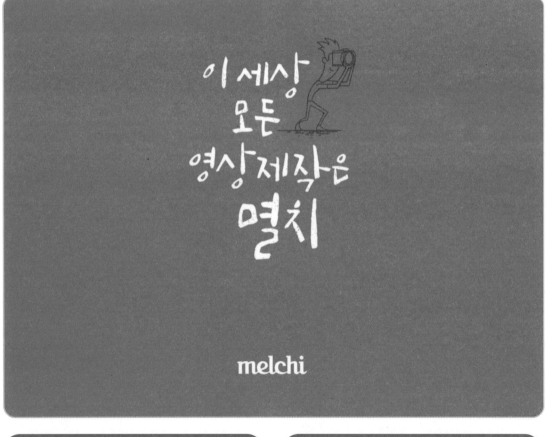

멸치	

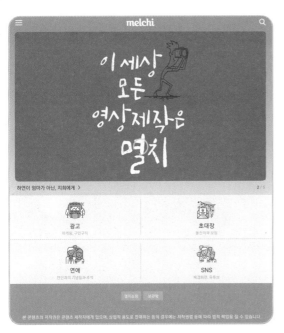

멸치에서 제공하는 템플릿 유형 **광고 초대장 연애 SNS** 중 원하는 작업을 선택해 주세요.

정해진 주제가 있다면 검색창에서 검색해 보세요. 검색어에 맞는 이미지와 영상을 검색할 수 있어요. 영상은 길이별로 검색할 수 있어요.

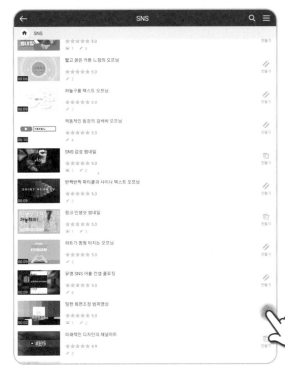

마음에 드는 템플릿을 선택해 주세요. 템플릿에는 이미지와 영상 두 가지가 있어요. 영상은 썸네일에 재생 길이가 표시되어 있고, 만들기 아이콘이 필름으로 되어 있어요.

미리보기에서 선택한 템플릿을 확인해 주세요. 템플릿 구성에 필요한 사진, 문구, 영상 길이 정보를 알 수 있어요. 선택한 영상에 필요한 사진과 문구 등 소스가 준비되면 **영상 만들기**를 클릭해 주세요.

사진과 문구의 위치 및 크기를 확인한 후 영상 제목, 사진, 문구를 입력한 후 **완료** 버튼을 클릭해 주세요.

'한번 만들어 볼까요?' 팝업창이 나타나면 **확인** 버튼을 클릭해 주세요.

멸치가 열심히 영상을 제작하는 중이에요. 제작할 영상이 길면 제작 시간이 오래 걸려요. 영상을 제작 하는 동안 다른 앱을 켜고 활동해도 괜찮아요. 영상이 모두 완료되면 알람이 나타나서 확인할 수 있어요.

영상 제작이 완료되었어요. 사진 및 문구 선택, 문구 길이 등이 적합한지 완성된 영상을 보면서 확인해 보세요. 이렇게 만들어진 영상은 멸치 보관함에 저장 되어 있어요.

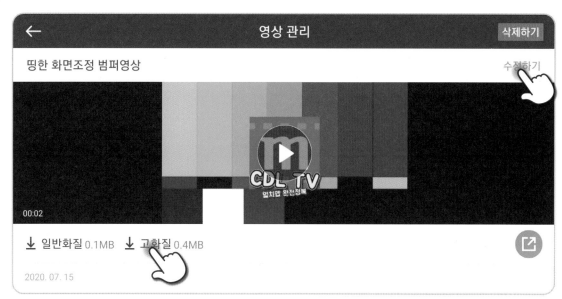

영상을 시청한 후 수정하려면 **수정하기** 버튼을 클릭해 주세요. 영상을 비디오 앨범에 저장하려면 일반화질 또는 고화질로 다운로드해 주세요.

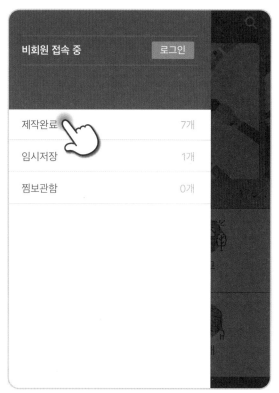

메인에서 햄버거 메뉴를 클릭하면 제작 완료된 영상과 임시 저장된 영상의 수량을 확인할 수 있어요.

제작완료를 클릭하면 영상 리스트가 있는 내 보관함으로 이동해요.

'수학 시' 영상 제작하기

1 인터넷 검색창에 '수학은 왜'라고 검색해 보고 검색 결과를 활용하여 '수학 시'를 지어 보세요.

🔍 수학은 왜

🔍 수학은 왜 **배우는가**

🔍 수학은 왜 **공부해야 하는가**

🔍 수학은 왜 **어려운가**

🔍 **수학을** 왜 **배우나**

2 '수학 시'에 어울리는 템플릿을 정한 후 이미지를 업로드해 주세요.

Scene 01

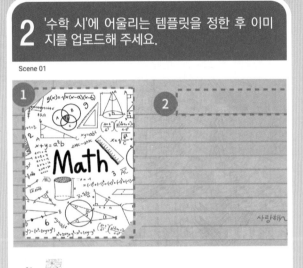

01

02 수학은 왜 ?

3 미리 적어 둔 '수학 시'를 입력해 주세요.

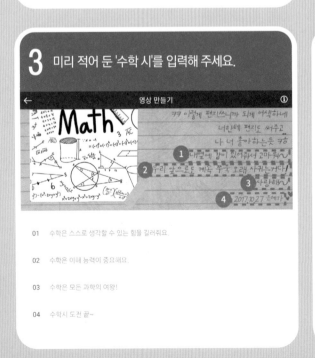

01 수학은 스스로 생각할 수 있는 힘을 길러줘요.

02 수학은 이해 능력이 중요해요.

03 수학은 모든 과학의 여왕1

04 수학시 도전 끝~

4 영상 제작이 완료되면 내 보관함에 있는 제작완료 영상 리스트에 보관돼요. 영상을 클릭해서 확인해요.

인터넷 검색창에 '수학은 왜'라고 검색하면 수학에 대한 여러 고민이 나옵니다. 수학을 배우는 이유는 '살면서 발생하는 여러 가지 문제를 해결하는 데 있어서 최선의 선택을 할 수 있는 힘을 기르는 것'이라고 하는데요. 수학에 대한 나의 생각과 고민을 풀어 놓고 함께 이야기해 보는 시간을 가져 보아요.

수학에 대한 생각과 고민을 시로 표현해 보고 재미있는 영상으로 제작하여 수학과 좀 더 친해지는 시간을 가져 볼까요?

5 일반화질 또는 고화질을 선택하여 다운로드한 후 공유해 주세요.

6 완성된 영상을 감상해 보세요. 어렵다고 생각하던 수학이 '수학 시' 영상 제작으로 좀 더 가까워졌을거예요.

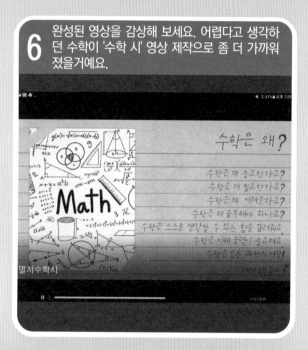

Teaching 꿀팁!

1. 물건을 사고팔 때 계산하기, 체중 관리하기, 시험문제 풀이, 효율적인 공간의 계산…. 이런 모든 것에 수학적 원리가 포함되어 있죠. 수학과 관련된 시를 작성하기 전에 일상 속 수학과 관련된 것을 먼저 떠올려 보도록 하면 학생들이 좀 더 쉽게 참여할 수 있어요.
2. 멸치는 영상을 제작해 주는 템플릿과 이미지를 제작해 주는 템플릿을 제공해요. 리스트 오른쪽의 아이콘을 보고 영상 템플릿을 선택할 수 있도록 지도해 주세요.
3. 마음에 드는 영상 템플릿을 선택한 후 영상에 넣을 '수학 시'와 필요한 이미지를 미리 준비하도록 해 주세요.
4. 영상 제작 활동이 수학과 어떠한 관련이 있는지 학생들끼리 토의해 보도록 지도해 주세요.

3D 애니메이션 제작을 위한, 툰타스틱!

툰타스틱은 판타스틱한 3D 애니메이션을 제작하는 도구입니다. 다양한 배경과 캐릭터를 이용해 3D 애니메이션을 만들 수 있어요. 캐릭터에 동작을 넣을 수 있고, 영화에서 더빙하듯 직접 자신의 목소리를 녹음해 입 모양에 맞춰 넣을 수도 있어요. 직접 캐릭터와 장소를 그려서 넣을 수도 있죠. 상상의 나래를 펼쳐 애니메이션 감독이 되어 보세요.

툰타스틱을 이용해 환경 보호 애니메이션을 만들어 보아요!

 Toontastic 3D   ᴀɴᴅʀᴏɪᴅ iOS

시나리오 구성과 배역이 정해졌다면 **+** 버튼을 클릭해 시작해 주세요.

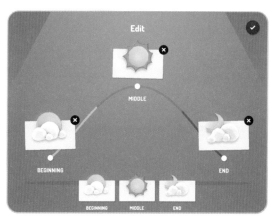

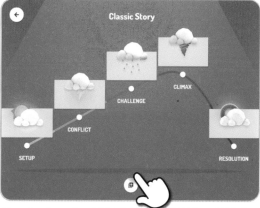

Short Story, Classic Story, Science Report 이렇게 총 세 가지 이야기 형식을 제공합니다. 모두 원하는 장면을 끌어올려 추가할 수 있어요. 각 장면마다 최대 1분씩 영상을 만들 수 있어요.

우선 Short Story부터 설명할게요. **Short Story**는 짧은 애니메이션을 제작할 수 있어요.
BEGINNING 등장인물과 이야기의 배경을 소개해요.
MIDDLE 특별한 사건이나 중요한 문제를 보여줘요.
END 갈등이나 문제가 해결되는 모습을 보여줘요.

Classic Stroy는 일반적인 애니메이션 구성이에요. 5개의 장면으로 보이지만 **+** 버튼을 클릭해 원하는 장면을 추가하거나 삭제할 수도 있어요. 시나리오에 맞춰 장면을 추가하거나 삭제한 후 시작해 주세요. 물론 중간에 추가하거나 삭제할 수 있어요.
SETUP 등장인물과 이야기의 배경, 장소를 소개해요.
CONFLICT 등장인물들 사이에 갈등이 시작돼요.
CHALLENGE 갈등과 문제가 점점 커지고 있어요.
CLIMAX 갈등과 긴장이 최고조에 달하는 이야기에요.
RESOLUTION 갈등이나 문제가 해결돼요.

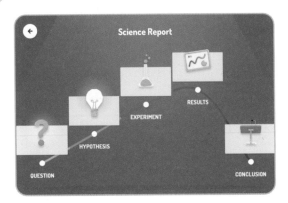

Science Report 과학 애니메이션 제작에 적합해요.
QUESTION 과학적 질문으로 시작해요.
HYPOTHESIS 하나의 가설을 설정하고 결과를 예측해요.
EXPERIMENT 실험 데이터를 수집하고 어떻게 실험할 것인지 알려 줘요.
RESULTS 관찰한 결과를 분석해 줘요.
CONCLUSION 가설 결과가 어떻게 되었는지 결론을 내려요.

시나리오에 맞는 이야기 형식을 선택해 주세요. 장면이 몇 번 바뀌는지 고려해 선택하세요.

원하는 배경을 선택해 주세요. 직접 그리려면 DRAW YOUR OWN 버튼을 클릭하세요.

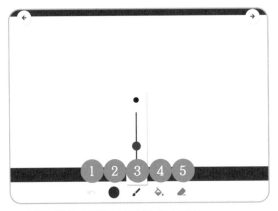

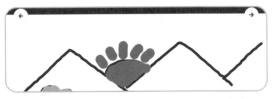

배경이 완성되면 오른쪽 위의 화살표를 클릭해요.

① 실행 취소 실행한 내용을 취소해요.
② 컬러 컬러를 선택해요.
③ 브러시 굵기 브러시의 굵기를 선택해요.
④ 채색 원하는 영역을 채색해요.
⑤ 지우개 필요 없는 영역을 지워요.

직접 그린 배경의 이름을 입력하고 저장해요.

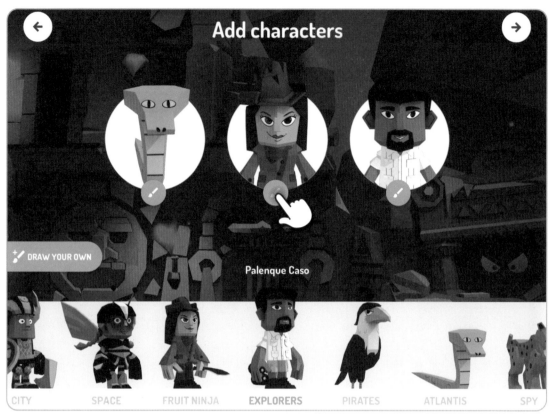

이번 장면에 등장할 인물을 선택해 주세요. 동물, 로봇, 외계인 등 다양한 캐릭터를 선택할 수 있어요. 등장인물을 선택하면 위에 나열됩니다. 등장인물의 컬러나 이름을 변경하고 싶으면 **브러시** 버튼을 클릭해 주세요.

컬러를 선택한 후 원하는 부분을 클릭해 주세요. 아래에 있는 카메라를 클릭하면 캐릭터 얼굴 대신 카메라로 촬영한 내 얼굴 이미지를 사용할 수 있어요. 단, 촬영한 이미지는 더빙할 때 입 모양이 움직이지 않아요.

장면 제작하는 것과 마찬가지로 캐릭터를 직접 제작하고 싶으면 **DRAW YOUR OWN** 버튼을 클릭해요. 캐릭터는 완성 후 두께를 선택할 수 있어요. 제작된 캐릭터도 더빙할 때 입 모양이 움직이지 않아요.

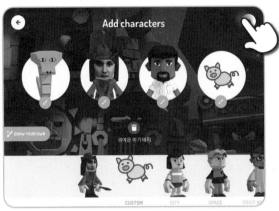

장소와 등장인물이 모두 정해졌으면 **다음** 버튼을
클릭해요.

양 손가락으로 캐릭터 크기를 조절하고 한 손가락으로
캐릭터를 움직여 세팅을 완료한 후 **START**를 클릭해요.

3초 후 녹화가 시작돼요. 주변 소음과 잡음이 들리지
않도록 주의해 주세요.

최대 1분까지 녹음할 수 있어요. 시간이 부족하면
장면을 추가하세요.

녹화된 화면을 확인해 보고 다시 녹화하려면 왼쪽
상단의 **이전** 버튼을 클릭해 주세요.

어울리는 음악을 선택해 볼륨을 조절해 주세요.
완성되면 **다음** 버튼을 클릭해 주세요.

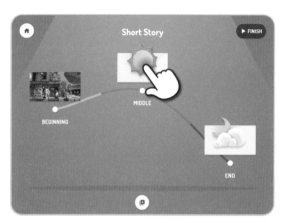

첫 번째 장면이 완성되면 다음 장면을 클릭하여 영상을 만드세요.

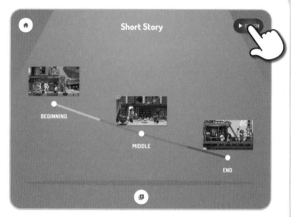

모든 장면이 완성되면 오른쪽 위의 **FINISH** 버튼을 클릭해요.

제목과 감독을 입력해 주세요. 참여자명을 모두 넣어도 좋아요. **완료** 버튼을 클릭해 주세요.

제작한 영상을 확인해 보세요. 제목과 감독명이 나타나면서 영상이 시작돼요.

마지막 장면 끝에 제목과 감독, 등장인물명이 나와요.

완성된 애니메이션은 **EDIT**(편집), **EXPORT**(동영상 다운로드), **DELETE**(삭제)할 수 있어요.

환경보호 캠페인 애니메이션 만들기

1 모둠별로 환경오염의 사례와 심각성에 관해 알아보고 사람들에게 무엇을 알려야 하는지 의논해요.

미세 플라스틱

미세 플라스틱은 생물물리학적 용어로 지구상에 존재하며 환경을 오염시키는 미세한 플라스틱을 의미한다. 특히 커다란 플라스틱이 미세 플라스틱으로 분해 되면서 바닷 속과 해수면을 떠다니며해양환경에서 큰 문제를 일으키고 있다. 위키백과

동영상

'패스트 패션' 미세 플라스틱 섬유도 생태계 위험 / YTN
2020. 2. 23.

천일염 '미세 플라스틱' 제거 길 열렸다 / YTN
2019. 4. 14.

미세플라스틱, 무엇이 문제일까요?
2016. 3. 29.

2 어떠한 내용으로 애니메이션을 만들 것인지 기획하고 기획서를 작성해요.

애니메이션 기획서

모둠이름	7반 히어로
모둠원	김일원 , 남현석 , 고민영 , 박현우 , 나연서
주제	플라스틱 사용을 줄이자
제목	모두의 별이야
줄거리	지우에게 어느날 찾아온 이상한 아이 다별이, 지우는 다별이가 환경오염으로 황폐화된 미래에서 온 후손이라는 것을 알게 된다. 다별이는 플라스틱 용기를 남용하는 세계최대 커피회사 <올댓카페> 의 위험성에 대해 경고한다. 지우는 친구들과 함께 <올댓카페> 불매운동을 벌이고, 일회용 별을 사용을 중지하는것을 확인한 다별이는 원래의 세계로 돌아간다.
등장인물	김일원 (지우- 주인공) 남현석 (다별 - 미래에서 온 후손) 고민영 (민준 - 지우의 친구, 사장 - 올댓카페 사장) 나연서 (소율 - 지우의 친구, 기영 - 은별과 다별의 엄마) 박현우 (은별 - 다별의 형, 그외 등장인물)
	장면 설명
장면 1	<올댓카페> 에서 음료를 마시면서 쉬고 있는 지우와 친구들. 어떤 아이가 카페에 돌을 던지는 모습을 본다. 지우와 친구들은 그 아이를 말리려고 한다. 낯선 아이에게 흥미를 느낀 아이들은 정체불명 아이의 이야기를 듣게 된다.
장면 2	황폐한 지구, 다별의 형과 엄마는 오늘도 먹을것을 구하느라 힘들다. 박엔 플라스...

3 장면을 나누고 장면별 대본도 작성해요.

스토리 보드

장면	대본 작성
장면1	민준: 아~ 여기 스무디가 최고시대 매일 먹으라고 해도 먹을래 같애! 소율: 오바하긴!! ㅋ 올댓카페가 맛있긴 하지 지우: ㅋㅋ 야이야!! 저기 봐봐!! 쟤 뭐하니? (올댓카페에 테러하는 다별) 지우: 이거나서 - 저거 밀려야 되는거 아니냐? 야!! 너 뭐야? 원하는거야??그만해!! 다별: 이거나!! 말해라!! 말해! 민준: 아~ 좀 이상한데? 필요없다 아니면 옷도 이상하고..야! 너 무슨일이야? 왜그래 도대체!! 다별: 으흑흑 ~ㅠ_ㅠ 으흐흑~~!!ㅠ_ㅠ
장면2	다별: 엄마~ 형!! 은별:아오~ 오늘도 침투리 조금뿐이야..ㅠ_ㅠ 엄마요, 갈수록 음식 구하기가 힘들어지는 구나. 땅에 뭘 심어도 제대로 자라지 않아. 배고프..ㅠ_ㅠ 다별:이제 다 옛날지구 사람들 탓이야!! 자기가 먹고싶댄 좋았겠지만 어떻게 후손들 살아갈 환경은 생각을 안할 수 있느냐고!! 은별: 휴.. 다별아 너 사용이제 별로 심각한데, 그 음료회사가 일회용 플라스틱 사용만 안했어도, 상황이 이것보다는 나았을거야. 다별:올댓카페!! 내가 가서 어떻게게든 배행하는! 형 만들고인간 고인도 타임머신 있잖 나 빌려줘! 은별:그거 미완성이야! 위험하다고 움직이지 못해! 다별:이렇게 앉아서 굶어죽는것 보다는 나아! 이잇!! (타임머신으로 돌진)
장면3	소율: 그런일이 있었구나 ~ 그럼 넌 미래에서 온거니? 민준:정말 수가 없어.. 백년후의 지구가 그렇게 변해버린다니..ㅠㅠ 끔찍해.. 지우:어쩜이 우리 다별이를 도와주자니? 좋은 방법이 없을까? 소율:야 우리같이 초등학생 메기를 누가 들어주겠냐? 올댓카페같은 대기업이랑 상대로 안될지, 올댓카페랑 직접 싸우는건 무리야! 지우:그래! 캠페인을 해보자! 우리가 할 수 있는걸 찾아보자! 사장: 아니~ 이 빠짐이!! 나풀의 불매운동 뭐 바이 놈들이냐?! 아이고!! 롯스타!? 망하! 이노몸이!!

4 배경과 캐릭터를 선택한 후 캐릭터를 원하는 위치와 크기로 배치해 주세요.

인간이 지구에 언제까지 살 수 있을까요? 지금처럼 환경을 파괴한다면, 언젠가는 인간도 공룡처럼 지구에서 사라질지도 모릅니다. 지구는 후손들의 것이고, 우리는 잠시 빌려 쓰는 것이라 생각하는 게 좋을지도 모릅니다. 자손들에게 건강한 지구를 물려 주기 위해서는 환경을 보존하고 자원을 아껴야 해요. 스웨덴 출신으로 16세 나이에 환경 운동가가 된 툰 베리의 말이 어른들 세계에 더 큰 힘을 발휘하는 이유는 미래를 살아갈 젊은 세대여서가 아닐까요?

툰타스틱으로 환경보호 애니메이션을 만들어 보고 툰 베리와 같은 환경 운동가가 되어 볼까요?

5 각자 맡은 캐릭터를 움직이면서 성우처럼 목소리로 연기해 보세요.

6 완성된 작품을 저장하고 환경보호 캠페인 애니메이션을 디지털 세상에 공유해 주세요.

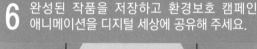

Teaching 꿀팁!

1. 한 장면의 길이는 1분입니다. 대본 작성 시 참고할 수 있도록 지도해 주세요.
2. 한 교실에서 모둠별로 활동할 때는 다른 모둠 녹화에 방해가 되지 않도록 주의시켜 주세요.
3. 등장 캐릭터가 말을 할 때는 캐릭터를 살짝 움직여 주면 훨씬 자연스러워 보여요. 단, 너무 심하게 흔들면 나중에 보는 사람이 어지러우니 유의하도록 해 주세요. 캐릭터를 꾹 누르고 있으면 말하는 것처럼 입 모양이 움직이니 이 기능도 잘 사용하는 것이 좋겠죠.
4. 캐릭터 몸을 터치하면 캐릭터마다 개성있는 행동을 반복하고, 다시 터치하면 행동을 멈춥니다. 이 기능을 잘 활용하면 더욱 재미있는 에니메이션을 만들 수 있어요.
5. 배경마다 숨은 장치가 있어요. 배경의 요소들을 터치하면 재미있는 장면을 연출할 수 있어요.

인공지능으로 얼굴 변신, 페이스앱!

페이스앱은 인공지능이 사람의 얼굴을 분석하여 다양한 모습으로 바꿔 주는 앱이랍니다. 표정은 물론 젊게 또는 나이 들어 보이게 할 수도 있고, 심지어 성별도 바꿀 수 있어요. 내가 만약 80세가 된다면, 혹은 성별이 바뀐다면 어떤 모습일지 직접 확인해 볼 수 있는 거죠. 헤어스타일, 화장, 안경, 수염 등 다양한 효과도 제공하기 때문에 내가 원하는 모습으로 디지털 성형이 가능합니다.

페이스앱으로 나의 인생 사진 콜라주를 만들어 보아요.

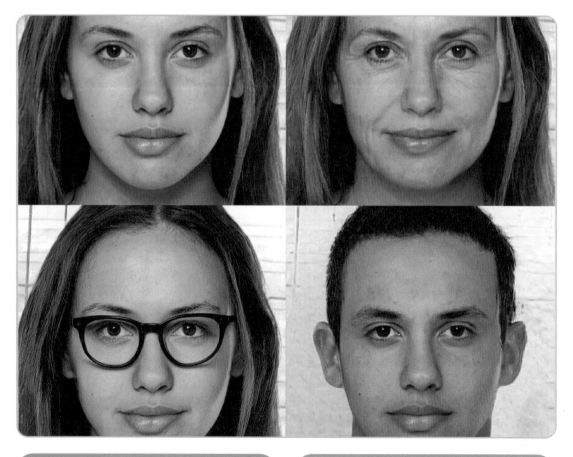

FaceApp

적용할 이미지를 촬영하거나, 사진첩에서 불러오거나, 검색을 통해 유명인을 선택할 수 있어요.

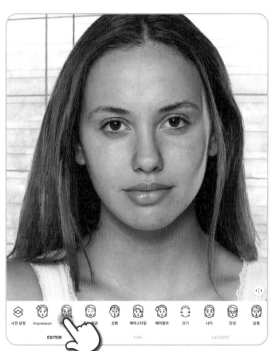

선택한 사진을 세 가지 모드로 적용할 수 있어요. **EDITOR** 모드부터 알아볼게요.

EDITOR 모드는 나이, 성별, 헤어스타일 등을 변경할 수 있어요. **성별**을 선택해 볼게요.

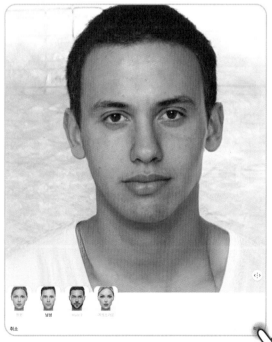

성별이 바뀌었어요. 마음에 들면 오른쪽 아래의 **적용** 버튼을 클릭해 주세요.

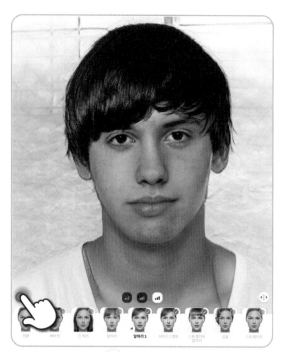

왼쪽 아래에 있는 🔲 버튼을 클릭하면 효과를 추가할 수 있어요. **안테나** 버튼으로 강도를 조절해 주세요.

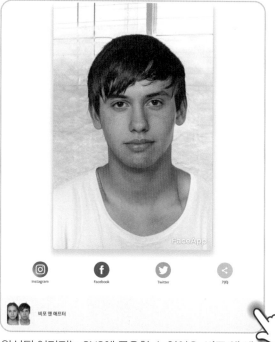

완성된 이미지는 SNS에 공유할 수 있어요. **비포 앤 에프터**를 선택하면 원본과 수정본을 함께 공유할 수 있어요.

비포 앤 에프터 사진을 나란히 배치한 사진으로 저장하려면 **듀오**를 선택해 주세요.

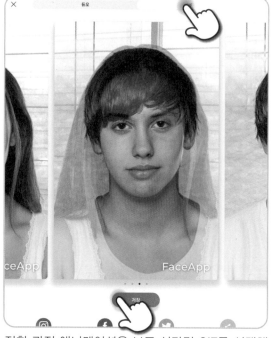

전환 과정 애니메이션을 보고 싶다면 **GIF**를 선택해 주세요.

이번엔 다양한 필터를 적용할 수 있는 **FUN** 모드를 실행해 볼게요.

눈 효과를 적용했어요. 완성된 사진을 저장하거나 공유할 수 있어요.

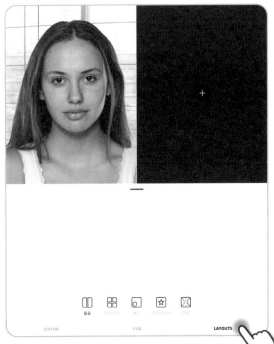

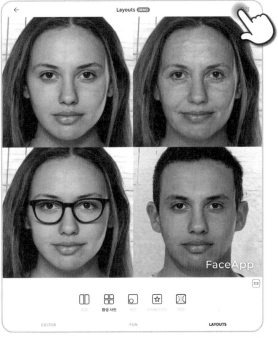

이번에는 **LAYOUTS** 모드예요. 듀오, 합성 사진, 렌즈 등 이미지 배치를 다양하게 설정할 수 있어요.

레이아웃이 완성되면 오른쪽 위에 있는 **저장** 버튼을 클릭해 주세요.

나의 인생 사진 콜라주 만들기

1 거울을 보고 아름다운 표정으로 셀카 촬영을 하세요.

2 페이스앱으로 셀카 사진을 과거, 현재, 미래 모습으로 만든 후 헤어스타일과 안경, 표정, 메이크업 효과를 적용하세요.

3 픽스아트에서 콜라주 템플릿을 선택하세요.
▶ PicsArt 사용법 참고

Replays

콜라주

그리드　　　프리스타일　　　프레임

4 페이스앱에서 만든 이미지를 콜라주 템플릿으로 편집해 보세요.

어느 정도 나이가 되면 자신의 얼굴에 책임져야 한다고 하죠? 얼굴에 감정이 드러나고, 오래 반복해서 지은 표정에 따라 얼굴 근육이 굳어져 자신의 얼굴이 되어 버리기 때문이라고 하네요. 태어날 때 얼굴이 부모님이 주신 것이라면, 어른이 된 다음 얼굴은 자신이 만든 셈인 것이죠.

페이스앱을 이용해 나의 인생 사진으로 콜라주를 만들어 볼까요?

5 텍스트 기능을 활용하여 제목을 입력한 후 스티커와 필터로 멋지게 꾸며 보세요.

6 마스크 효과의 테두리를 적용한 후 메시지를 입력하여 콜라주를 완성하고 친구들과 함께 작품들을 감상해 보세요.

Teaching 꿀팁!

1. 셀카를 찍기 전에 얼굴로 여러 가지 감정(슬픔, 기쁨, 행복)을 표현하는 시간을 가져 보세요.
2. 자신이 원하는 미래 모습을 상상하며 구체적인 계획을 작성할 수 있도록 지도해 주세요.
3. 성별을 전환하여 이성 공감도 해 보고, 노인으로 전환하여 세대 공감도 해 보는 활동을 할 수 있어요.
4. 과거에서 현재, 현재에서 미래로 변화하는 자신의 모습을 Before/After 비교 사진이나 GIF 애니메이션으로 만들어 공유해 볼 수 있어요.
5. 친구 사진을 이용해 장난치는 것도 폭력이 될 수 있다는 사실을 알려 주세요.

캐릭터 디자인할 때는, 나의 최애캐!

이제는 나의 최애캐로 누구나 쉽게 자신의 캐릭터를 만들 수 있어요! 나의 최애캐는 언니돌 (unniedoll), 오빠돌(oppadoll), 펫돌(petdoll)의 세 가지 앱이 있어요. 사용 방법은 같지만, 표정, 소품 등 연출할 수 있는 소재들이 달라 원하는 걸 만들 수 있어요. 캐릭터를 만들어 SNS 프로필도 사용하고 웹툰도 만들어 보는 건 어떨까요?

나의 최애캐를 이용해 지구촌 친구 캐릭터를 만들어 보아요!

나의 최애캐

나의 최애캐(최고 애정하는 캐릭터)는 언니돌, 오빠돌, 펫돌 3개의 앱으로 이루어졌어요. 각각 앱이 다르기 때문에 다른 앱에서 제작한 캐릭터를 불러와 편집할 순 없어요.

나의 최애캐 언니돌이에요. #UNNIEDOLL을 클릭하면 언니돌 트위터와 인스타그램으로 이동할 수 있어요. **시작** 버튼을 눌러 주세요.

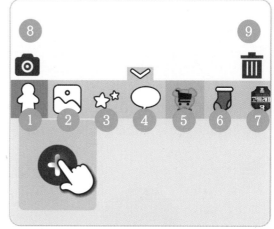

기본적인 기능부터 소개해 드릴게요.

① **캐릭터 리스트** 내가 만든 캐릭터를 보여줘요.

② **배경** 원하는 배경을 선택할 수 있어요.

③ **스티커** 스티커를 이용해 예쁘게 꾸밀 수 있어요.

④ **말풍선** 말풍선을 추가할 수 있어요.

⑤ **아이템샵** 유료 아이템을 구입할 수 있어요.

⑥ **크리스마스 아이템** 크리스마스 소품을 추가할 수 있어요.

⑦ **고등래퍼** 고등래퍼 테마를 선택할 수 있어요.

⑧ **내보내기** 1:1 비율과 16:9 비율로 저장하거나 SNS에 공유할 수 있어요.

⑨ **초기화** 캐릭터를 배치하고 배경 및 스티커로 편집한 장면을 초기화해요. 캐릭터를 만들려면 + 버튼을 클릭해 주세요.

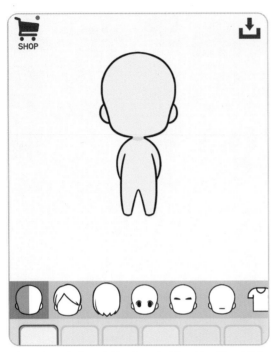

피부색, 헤어스타일, 눈, 눈썹, 입, 옷, 신발, 볼터치, 안경 등을 설정해 줄 수 있어요.

원하는 스타일을 선택해 캐릭터를 완성해 주세요. 이전에 선택했던 것도 재선택할 수 있어요.

캐릭터가 완성되었으면 오른쪽 위의 **저장** 버튼을 클릭해 주세요.

사진첩에 저장하는 게 아니라 나의 최애캐 캐릭터 리스트에 저장되는 거예요. O 버튼을 클릭해 주세요.

캐릭터를 위로 드래그해 배치하고 배경 등 소품을 선택해 멋지게 꾸며 주세요.

캐릭터나 소품을 길게 누르면 휴지통이 나타나요. 휴지통으로 드래그하면 삭제할 수 있어요.

장면이 완성되었으면 왼쪽 아래에 있는 카메라 모양의 **내보내기** 버튼을 눌러 주세요.

1:1 버튼을 누르면 16:9로 바뀌어요. **내보내기** 버튼을 누르면 스마트폰 갤러리 또는 사진첩에 저장돼요.

지구촌 친구 캐릭터 만들기

1 다른 나라의 문화적 특징을 알아보고 어떤 나라의 친구를 표현할 것인지 정해요. 캐릭터에 해당하는 나라의 전통의상을 입혀 보세요.

2 해당하는 나라의 전통문화에 알맞은 소품을 활용해 장식해 주세요.

3 배경과 스티커를 이용해 분위기를 더욱 멋지게 연출해 주세요.

4 각 나라의 전통의상을 입고 있는 캐릭터를 또 만들어 주세요.

추운 곳에 사는 이누이트족은 순록의 가죽으로 직접 옷을 만들어 입고, 스코틀랜드에서는 남자도 킬트라는 치마를 입죠. 사람은 누구나 익숙치 않은 것에 어색하고 불편함을 느끼기 마련이에요. 그렇다고 나와 다른 것을 배척한다면 지구는 답답한 곳이 되고 갈등만 심해지겠죠. 문화 다양성을 존중하는 태도는 인류를 더 건강하고 풍요롭게 만들어줄 거예요.

나의 최애캐로 지구촌 친구들을 만들며 문화 다양성에 대해 배워 볼까요?

5 장면이 완성되면 카메라 모양의 내보내기 버튼을 눌러 이미지로 저장해 주세요.

6 캐릭터를 보고 어느 나라 친구인지 맞춰보고 해당하는 나라의 문화도 설명해 보아요.

Teaching 꿀팁!

1. 문화 다양성의 의미와 중요성을 설명하고 문화 다양성을 존중하는 방법에 대해 알려 주세요.
2. 사는 지역과 기후에 따라 의상과 소품이 어떻게 변하는지, 지역과 기후에 따른 차이는 무엇인지 논의해 보도록 지도해 주세요.
3. 조지 플로이드 사건과 같은 사례를 통해 인종차별의 현실과 문제를 설명해 주고 이를 해결하기 위한 방법을 스스로 찾아볼 수 있도록 지도해 주세요.
4. 최애캐 캐릭터를 이용해 자기 나라를 소개하는 세계 문화 소개 카드를 제작해 보는 활동도 할 수 있어요.

캐리커처 만들 때는, 모지팝!

유원지나 로데오길 같은 곳에 가면 길거리 아티스트가 돈을 받고 캐릭터를 그려 주는걸 본 적이 있지요? 이제는 인공지능을 이용하여 자신의 캐리커처를 직접 만들 수 있어요. 사진만 있다면 가족, 친구들의 캐리커처도 만들 수 있지요. 이러한 캐리커처로 다양한 감정을 표현하는 이모티콘도 제작할 수 있어요. 모지팝을 이용하면 메신저에서 사용할 수 있는 나의 캐리커처 이모티콘을 쉽게 제작할 수 있답니다.

모지팝을 배워 내 캐리커처로 이모티콘도 만들고 캐리커처 가족사진도 만들어 보아요!

MojiPop

우선 모지팝 메인 기능에 관해 설명할게요.

① **검색** 원하는 분위기의 배경, 템플릿을 검색해 찾을 수 있어요.

② **HOT** 인기가 높은 작품을 실시간으로 확인할 수 있어요.

③ **NEW** 최근에 올라온 작품을 볼 수 있어요.

④ **Remix** 같은 배경에 내 아바타를 삽입해 새롭게 만들 수 있어요.

⑤ **Mojiworld** 전 세계 이용자들이 자신이 만든 결과물을 공유하고 자랑하는 공간이에요.

⑥ **검색** 위쪽 검색창과 동일하게 원하는 분위기의 배경, 템플릿을 검색해 찾을 수 있어요.

⑦ **아바타** 내가 만든 아바타 목록이에요. 새롭게 만들거나 사용할 아바타의 순서를 바꿀 수 있어요.

⑧ **나** '좋아요' 또는 '즐겨찾기'한 작품 리스트를 관리할 수 있어요.

⑨ **제작하기** 이미 만들어 놓은 아바타를 모지팝에서 제공하는 배경 및 템플릿에 맞춰 새롭게 제작할 수 있어요. 모지팝에서 캐리커처를 제작하려면 아바타가 있어야 해요.

⑦ **아바타** 버튼을 클릭해 아바타 만드는 방법을 배워 보아요.

아바타 메뉴에서 **+ 아바타 만들기** 버튼을 클릭해 주세요.

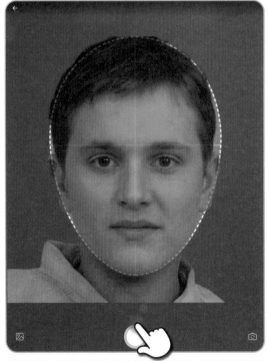

카메라로 얼굴 라인에 맞춰 촬영하거나 갤러리에서 사진을 선택해 주세요.

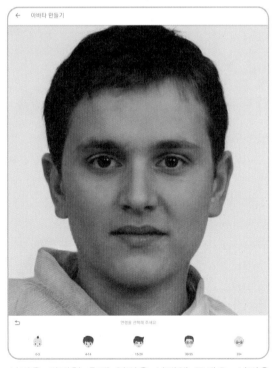

성별을 선택한 후에 연령을 선택해 주세요. 성별은 머리 모양, 연령은 얼굴형에 영향을 미친답니다.

두 가지 중 마음에 드는 스타일을 선택해 주세요.

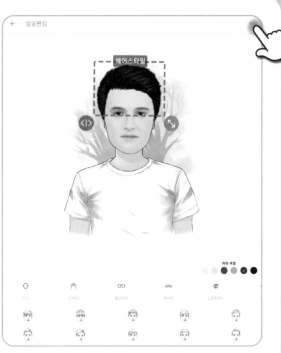

원하는 스타일을 적용한 후 **확인** 버튼을 클릭해 주세요.

내가 만든 아바타를 확인할 수 있어요. 왼쪽부터 순서대로 사용됩니다.

검색 메뉴를 클릭하면 나의 아바타로 다양한 작품이 만들어진 것을 확인할 수 있어요.

나의 아바타로 제작된 이모티콘도 볼 수 있어요.

왕관 모양 이모티콘은 유료 회원만 이용할 수 있어요.

하트 모양을 클릭하면 즐겨찾기에 등록할 수 있어요.
하지만 로그인을 해야 사용할 수 있어요.

다른 아바타로 변경하려면 적용할 아바타를 위로
드래그해 파란색 배경이 되도록 바꿔 주세요.

+ 버튼을 클릭해 내 사진을 배경으로 쓸 수 있어요.

앨범에서 사진을 불러온 후 어울리는 아바타를 선택해요.

카메라로 촬영한 후 어울리는 아바타를 선택해 주세요. AR 아바타 같은 효과를 줄 수 있어요.

양 손가락을 이용해 크기를 조정하거나 회전한 후 손가락으로 이동하여 완성해 주세요.

캐리커처 가족사진 만들기

1 우리 가족 얼굴을 모지팝에서 촬영하거나 얼굴 사진을 가져와 아바타를 만들어 주세요.

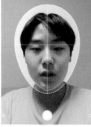

2 다양한 표정의 아바타 중에서 마음에 드는 표정을 선택해 주세요.

3 우리 가족 아바타를 순서대로 저장해요. 왼쪽부터 순서대로 적용되니 드래그하여 순서를 정리해 주세요. 최대 5개까지 적용할 수 있어요.

+ 아바타 만들기

Main Avatar　　Avatar 2　　　Avatar 3　　Avatar 5

순서를 바꾸려면 아바타를 클릭한 채로 드래그하세요

4 우리 가족 아바타가 적용된 다양한 이모티콘을 선택해 주세요.

요즘은 가족끼리도 카카오톡을 이용해 대화를 많이 나누죠. 가족끼리 대화할 때도 이야기가 있는 캐리커처 이모티콘을 이용하면 소통이 더욱 즐거울 거에요. 소통할 때 글이 차지하는 비중은 생각보다 얼마 되지 않아요. 자신의 캐리커처를 사용한다면 가족 간의 오해도 줄일 수 있겠죠?

모지팝으로 우리 가족 캐리커처 가족사진을 만들어 볼까요?

5 다양한 모습의 가족사진을 만들어 주세요.

6 맘에 드는 캐리커처 가족사진을 출력한 후 액자에 넣어 진열해요.

Teaching 꿀팁!

1. 가족들과 대화를 나누며 함께 캐릭터를 만들어 볼 수 있도록 지도해 주세요.
2. 캐리커처 가족사진은 스마트폰 배경화면이나 컴퓨터 바탕화면으로도 사용할 수 있어요.
3. 가족의 캐리커처를 만들고 이모티콘으로 제작하여 카카오톡 이모티콘으로도 사용할 수 있다는 것을 알려주세요.
4. 디지털 커뮤니케이션에서 이모티콘이 사용되는 이유를 설명하고, 이러한 이모티콘을 사용할 때 주의할 점이 무엇인지 생각해 보도록 지도해 주세요.

인물 사진을 화사한 그림 이미지로, 메이투!

내 사진을 그림으로 만들어 주는 인공지능 앱이 있어요. 바로 인공지능 화가 '메이투'예요. 메이투는 사진을 분석해 뚝딱 그림으로 만들어 줘요. 다른 뷰티앱에 있는 사진 보정 기능도 있지만, 내 얼굴 사진을 일러스트로 만들어 주는 것, 동영상 콜라주를 할 수 있는 것 등 메이투만의 유용한 기능이 있답니다. 메이투는 알면 알수록 할 수 있는 것이 많은 매력덩어리에요.

메이투를 배워 마치 영화 해리포터에 나오는 것처럼 움직이는 신문을 만들어 보아요!

Meitu	ANDROID iOS

메이투는 6개의 카테고리가 있어요. 첫 화면에는 4개만 보이지만 손가락으로 밀면 오른쪽에 있는 2개의 메뉴를 확인할 수 있어요.

① **사진 편집** 기본적인 사진 편집 기능 외에 음식, 사물, 경치, 사람, 애완동물 등 인공지능이 멋지게 보정해 주는 기능도 있어요. 모자이크, 블러 기능 등도 있어요.

② **인물 사진 리터칭** 인물 사진을 자연스럽고 예쁘게 보정할 수 있어요.

③ **동영상** 촬영한 영상과 사진을 편집하거나 꾸밀 수 있어요.

④ **콜라주** 동영상과 사진으로 콜라주를 만들 수 있어요.

⑤ **손글씨 낙서 스타일** 메이투에서 꾸미기용으로 사용할 스티커를 다운로드할 수 있어요.

⑥ **메인 기능** 사진을 이용해 손으로 직접 그린 그림 또는 증명사진으로 만들 수도 있어요.

카메라 버튼을 클릭하면 위와 같은 화면이 나타나요.

다양한 AR 스티커를 제공하는 **귀여운** 메뉴입니다.

다양한 메이크업 스타일을 제공하는 **스타일** 메뉴에요.

화면의 색감과 질감을 바꿀 수 있는 **필터** 메뉴입니다.

뷰티에서 얼굴을 자세히 보정할 수 있어요.

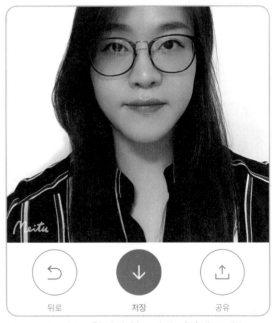

사진이나 동영상 촬영이 완료되면 **저장**해 주세요.

메이투의 첫 화면에서 사진 편집 카테고리를 선택했을때 화면이에요. 촬영 또는 갤러리 목록에서 편집할 사진을 선택해 주세요.

아래쪽에 **사진편집** 도구들이 나타나요. 도구를 왼쪽으로 드래그하면 오른쪽에 숨겨진 도구들을 볼 수 있어요.

자동 사진의 종류에 따라 자동으로 보정해요.

편집 사진을 자르거나 회전, 왜곡할 수 있어요.

강화 사진의 밝기와 색상,질감, 비네트 등을 설정할 수 있어요.

필터 사진에 독특한 느낌과 분위기를 설정할 수 있어요.

텍스트 사진에 글자를 입력할 수 있어요.

스티커 사진에 디자인 요소를 추가할 수 있어요.

프레임 사진의 테두리를 꾸밀 수 있어요.

매직브러쉬 다양한 패턴을 사진 위에 그리듯이 표현할 수 있어요.

모자이크 다양한 형태의 모자이크를 사용할 수 있어요.

지우개 잡티, 점 등을 지울 수 있어요.

잘라내기 인물을 배경에서 분리하여 편집할 수 있어요.

흐릿하게 원하는 부분을 흐리게 만들 수 있어요.

플로우사진 사진에 움직임을 주어 영상으로 만들 수 있어요.

자동은 사진의 종류에 따라 자동으로 보정돼요.

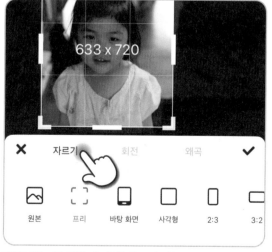

편집 메뉴의 **자르기** 탭에서는 사진을 자를 수 있어요.

회전 탭에서는 사진을 회전, 반전할 수 있어요.

왜곡 탭에서는 수평, 수직, 중앙으로 왜곡할 수 있어요.

강화에서 조명, 색상, 디테일로 사진을 보정할 수 있어요.

필터에서 다양한 필터를 적용할 수 있어요.

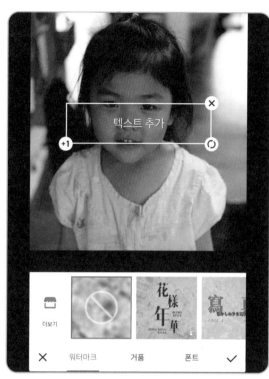

텍스트에서 글자를 입력할 수 있어요.

텍스트 입력 템플릿을 선택한 후 글자를 편집할 수 있어요.

완성된 텍스트를 자유롭게 이동하거나 수정할 수 있어요.

스티커를 이용하여 사진을 꾸밀 수 있어요.

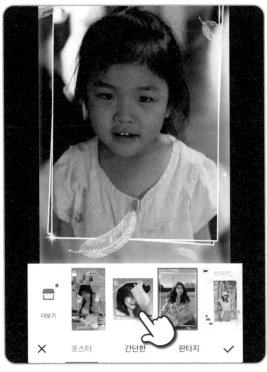

프레임에서 사진의 테두리를 꾸밀 수 있어요.

매직 브러쉬에서 원하는 패턴으로 장식할 수 있어요.

모자이크에서 인물 또는 배경만 모자이크할 수 있어요.

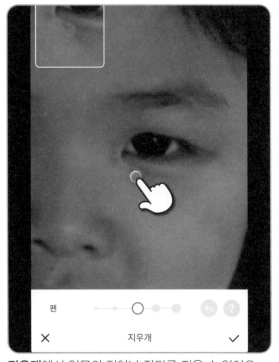

지우개에서 인물의 점이나 잡티를 지울 수 있어요.

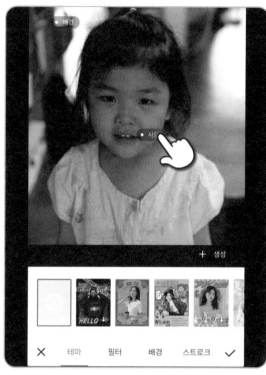

잘라내기에서 사람을 클릭하세요.

사람만 붉게 지정됐어요. 손가락 아이콘을 클릭하세요.

자동 지정된 영역을 펜, 모양, 지우개로 수정할 수 있어요.

분리된 인물을 크기 조절, 반전, 복사할 수 있어요.

테마에서 다양한 템플릿을 적용할 수 있어요.

필터에서 원하는 효과를 적용할 수 있어요.

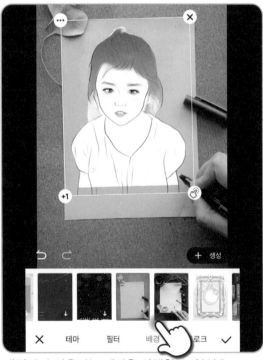

배경에서 어울리는 배경을 선택할 수 있어요.

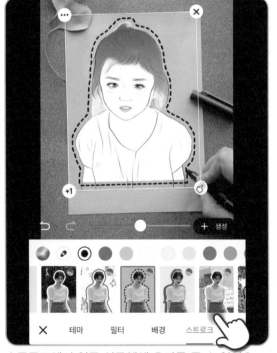

스트로크에서 인물 실루엣에 효과를 줄 수 있어요.

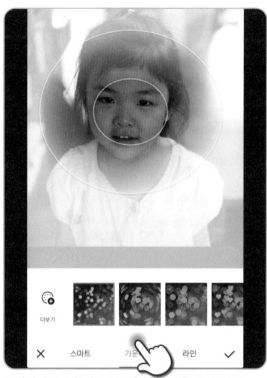

흐릿하게에서 원하는 부분을 흐리게 할 수 있어요.

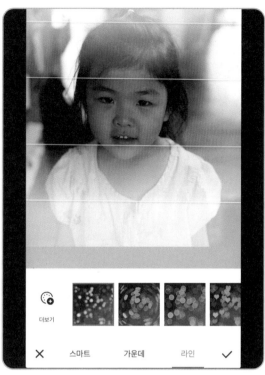

스마트, 가운데, 라인 형태로 흐리게 할 수 있어요.

플로우사진에서 음악을 삽입할 수 있어요.

10초 영상의 배경음악을 선택할 수 있어요.

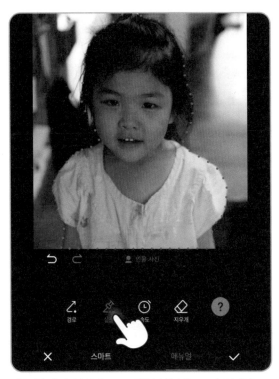

메뉴얼에서 실선으로 고정할 부분을 그려 주세요.

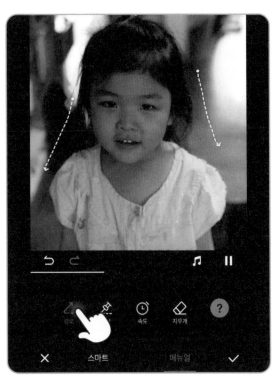

경로로 움직일 부분과 방향을 그려 주세요.

사진편집 초기 화면에서 **바탕 화면 생성**을 클릭해 주세요.

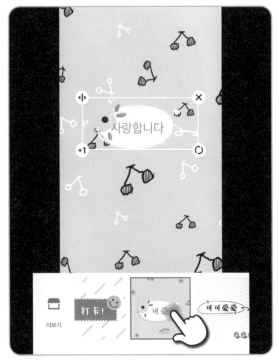

사진편집의 다양한 기능으로 바탕화면을 꾸미세요.

동영상 카테고리에서 편집할 영상과 사진을 선택하세요.

동영상의 편집에 **장면 전환 효과**를 적용할 수 있어요.

프레임에서 영상 비율과 배경색을 설정할 수 있어요.

원하는 위치에 **세그먼트**를 클릭하면 영상이 분할돼요.

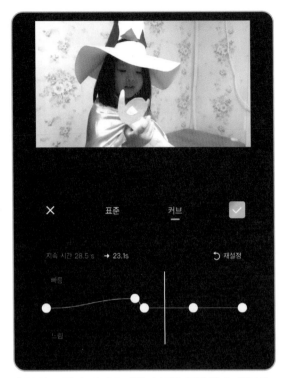

속도의 표준과 커브로 재생 속도를 조절할 수 있어요.

볼륨에서 영상 사운드를 수정할 수 있어요.

프레임에서 영상의 테두리를 꾸밀 수 있어요.

텍스트와 스티커로 영상을 꾸밀 수 있어요.

효과의 **장면**과 **분위기**에서 영상에 효과를 줄 수 있어요.

리터치에서 **뷰티, 미세조정, 치아 미백** 기능도 제공해요.

콜라주 카테고리를 선택해 주세요.

포스터는 템플릿에 맞춰 사진과 영상이 자동 배치돼요.

템플릿에서 사진과 영상으로만 콜라주를 할 수 있어요.

프리에서 원하는 대로 콜라주할 수 있어요.

콜라주에 사용된 영상을 클릭하면 영상 편집도 가능해요.

음악을 선택해 동영상 콜라주를 완성해요.

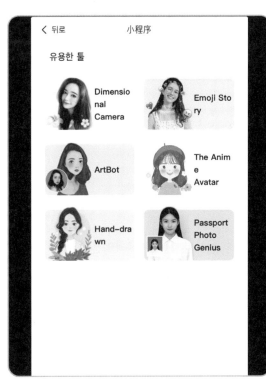

메인 기능 카테고리를 클릭하세요.

Art Bot은 일러스트 형식의 이미지를 제작해줘요.

The Anime Avatar는 사진과 닮은 캐릭터를 만들어요.

Hand-drawn은 사진과 닮은 손그림 캐릭터를 만들어요.

해리포터 신문 만들기

1 콜라주 요소를 기획한 후 필요한 영상을 촬영하고 메이투에서 편집해 주세요.

2 매직 브러쉬, 필터 등의 기능을 이용해서 마법에 어울리는 영상을 완성해 주세요.

3 배경으로 사용할 신문 이미지를 준비해 주세요.

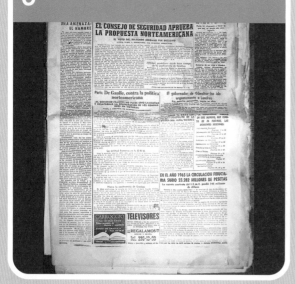

4 메이투에서 콜라주를 클릭한 후 미리 작업해 둔 영상과 사진을 선택해 주세요.

영화 '해리포터'에 등장하는 마법의 신문 기억하시나요? 신문 속 사진이 나에게 말을 걸고, 영상처럼 움직이는 마법의 신문을 만들고 사람들과 공유할 수 있다면 너무 신기하고 멋지겠죠. 사진 속 행복했던 추억을 마법의 신문으로 만들어 보세요! 메이투 콜라주 기능으로 디지털 마법사가 될 수 있습니다.

메이투를 이용하여 사람들을 깜짝 놀라게 해 줄 마법의 신문을 만들어 볼까요?

5 프리의 커스텀을 클릭하여 배경으로 미리 다운로드한 신문 이미지를 삽입하고 원하는 위치에 영상과 사진을 배치해 주세요.

6 음악을 삽입해 마무리해 주세요.

Teaching 꿀팁!

1. 작품을 저장할 때 광고가 노출돼요. 학생들이 광고를 클릭하지 않도록 지도해 주세요.
2. 무료 회원으로 로그인할 경우, 콜라주는 5분 미만의 영상 2개와 사진 9개를 선택할 수 있고, 로그인을 하지 않은 비회원은 영상 2개, 사진 7개까지 선택할 수 있어요.
3. 콜라주로 만든 영상은 최대 20초까지만 재생되지만, 일반 동영상은 최대 5분까지 제작할 수 있어요.
4. 우리 가족 라이브 액자 만들기, 요리 과정을 담은 라이브 레시피 액자 만들기 등 다양하게 응용할 수 있어요.
5. 메이투의 인물 사진을 그림으로 바꿔 주는 기능을 활용하여 우리 학급 초상화 디지털 전시회도 할 수 있어요.

음악이 즐거워지는 음악 실험실, 크롬 뮤직랩!

구석기 시대에도 악기가 있었다고 하죠? 음악은 우리 삶과 떼려고 해도 뗄 수 없는 그런 존재입니다. 미국의 유명한 클래식 음악 작곡가이자 지휘자인 레오나르드 번스타인은 "음악 없이는 단 하루도 살 수 없다."라고 말했는데요. 음악은 인간에게 소통 도구이자, 삶을 풍요롭게 하는 에너지의 원천입니다. 음악 이론을 배운 적이 없어도, 악기를 다룰 줄 몰라도 크롬 뮤직랩으로 누구나 쉽게 음악을 만들고 즐길 수 있어요.

크롬 뮤직랩을 이용해 영상에 어울리는 배경음악도 만들어 보아요!

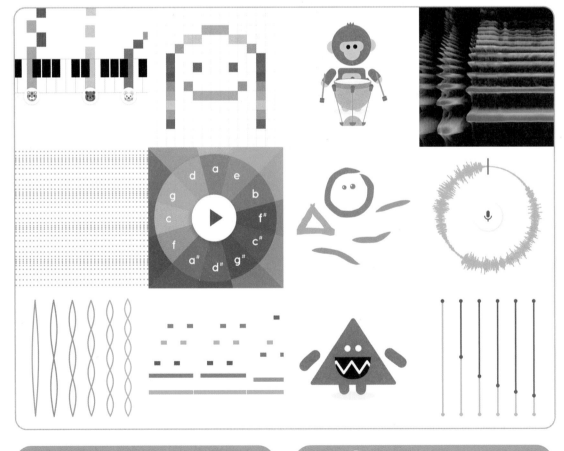

musiclab.chromeexperiments.com

 Chrome Browser

크롬 뮤직랩은 구글이 만든 음악 프로그램입니다. 간단하게 음악을 즐길 수 있는 다양한 프로그램이 모여 있어요. 이 중에서도 가장 최근에 나온 쉐어드 피아노부터 소개할게요.

쉐어드 피아노는 실시간으로 접속하여 함께 연주를 할 수 있는 디지털 악기랍니다. 동시에 10명까지 합주할 수 있어요. 합주를 하기 위해서는 참여 인원, 연주할 노래와 악기 선택 등이 필요해요. 참여자들이 연주하기 전에 곡과 코드, 악기 선정 등에 관해 의논을 한 후 활동해야 합니다. 별도의 회원 가입 없이 링크로 연주자를 초대할 수 있어요.

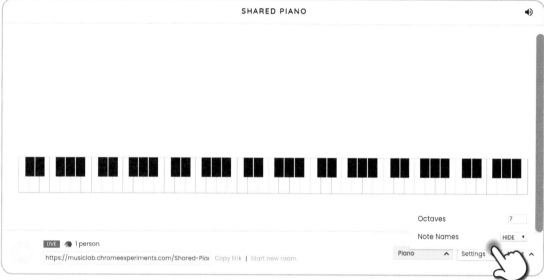

개설자가 오른쪽 하단의 **Settings**를 클릭하여 Octaves(건반의 개수)와 Note Names(계이름 표시)를 설정해요.

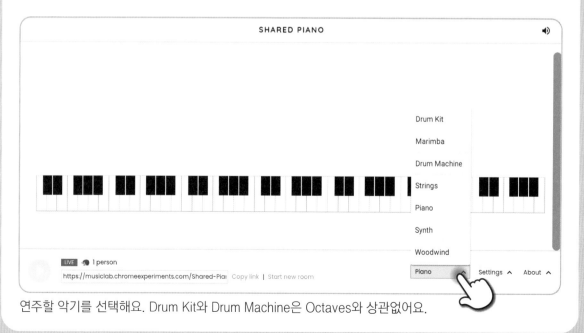

연주할 악기를 선택해요. Drum Kit와 Drum Machine은 Octaves와 상관없어요.

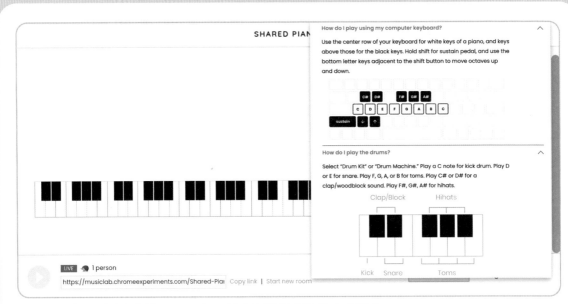

화면 건반을 터치하거나 블루투스 키보드를 연결하여 연주할 수 있어요.

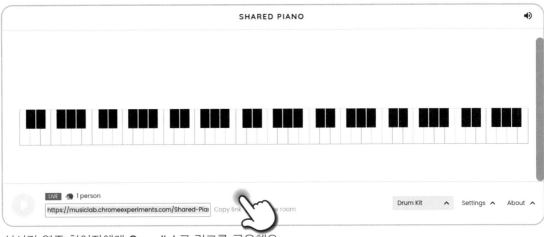

실시간 연주 참여자에게 **Copy link**로 링크를 공유해요.

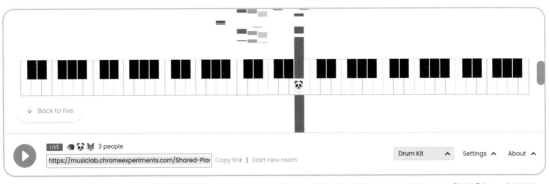

참여자들은 실시간으로 악기를 선택하고 합주할 수 있어요. 참여 인원은 동물 캐릭터로 확인할 수 있어요.

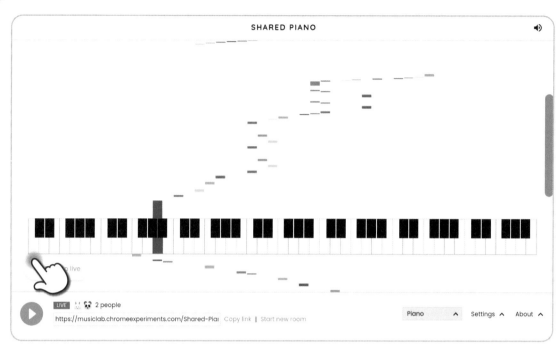

합주가 끝나면 **재생** 버튼을 클릭하여 곡을 들어 볼 수 있어요.

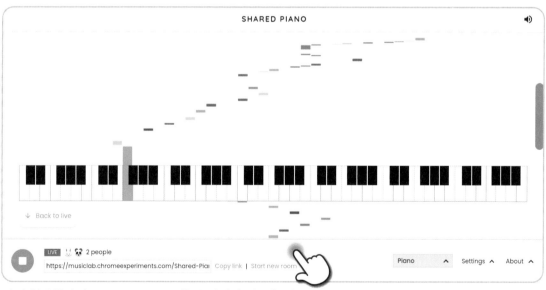

다시 연주하려면 **Start New Room**을 클릭하여 새로운 링크를 공유해요.

인터넷 속도에 따라 전달되는 소리의 시간차가 있을 수 있어요. 우선 동시에 소리를 내보도록 연습하고, 리듬 악기를 통한 박자 맞추기부터 진행합니다. 이후에 간단한 멜로디를 함께 연주해 보고, 멜로디에 화음을 넣어 연주하도록 해요. 쉐어드 피아노는 최대 10명까지 합주 또는 협주할 수 있으므로 10명 미만의 모둠을 구성하여 활동해야 합니다.

이번에는 터치만으로 음악을 작곡할 수 있는 송메이커에 관해 설명할게요.

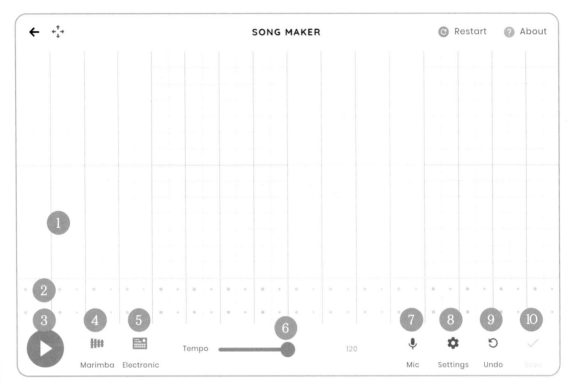

① **멜로디 영역** 멜로디를 표현할 수 있어요. 온음을 표현할 수 있는 메이저(Major), 반음을 표현할 수 있는 펜타토닉(Pentatonic), 모두 표현할 수 있는 크로메틱(Chromatic) 설정은 **Settings**에서 할 수 있어요.
② **리듬 영역** 리듬을 표현할 수 있어요.
③ **재생** 만든 곡을 재생할 수 있어요.
④ **멜로디 악기** 마림바, 피아노, 현악기, 목관악기, 전자키보드 중 멜로디 악기를 선택할 수 있어요.
⑤ **리듬 악기** 일렉트로닉, 캐스터네츠, 드럼, 콩가 중 리듬 악기를 선택할 수 있어요.
⑥ **Tempo** 빠르기를 설정할 수 있어요. 아래 Tempo 범위를 참고하여 빠르기를 설정해 보세요.
· Tempo 40 이하: Grave(매우 느리게)
· Tempo 42~66: Largo(느리게)
· Tempo 58~97: Adagio(느리지만 안정적으로)
· Tempo 56~108: Andante(걷는 속도로)
· Tempo 66~126: Moderato(보통 빠르기)
· Tempo 80~140: Allegro(빠르면서 밝고 생동감 있게)
· Tempo 90~150: Vivace(빠르고 생동감 있게)
· Tempo 150~200: Presto(매우 빠르게)
· Tempo 140 이상: Veloce(속도감 있게)
⑦ **Mic** 마이크를 통해 입력된 목소리로 음을 설정할 수 있어요. 마이크 접근 권한을 허용해야 사용할 수 있어요.

⑧ **Settings** 송메이커의 기본 설정을 할 수 있어요.
⑨ **Undo** 이전 상태로 되돌릴 수 있어요.
⑩ **Save** 완성곡을 저장해요.

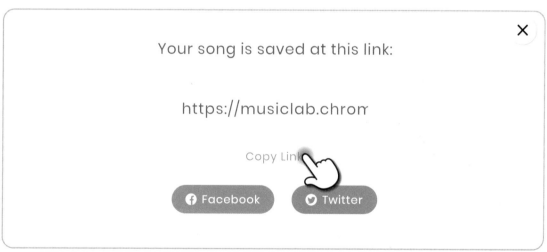

Length	4 bars	− +	Scale	Major ⌄
Beats per bar	4	− +	Start on	Middle ⌄ C ⌄
Split beats into	2	− +	Range	2 octave − +

설정 화면이에요.
Length(마디) 전체 음악의 길이를 설정해요.
Beats per bar(박자) 한마디를 몇 박자로 나눌지 설정해요.
Split beats into(연음) 한 박을 몇 개의 연음으로 나눌지 설정해요.
Scale(음계) 장조(Major), 펜타토닉(Pentatonic), 크로메틱(Chromatic) 중 하나를 설정해요.
Start On(가온 다) 7음계 중 기준이 되는 음계를 설정해요.
Range(옥타브) 1에서 3옥타브까지 음의 높이를 설정해요.

Your song is saved at this link:

https://musiclab.chrom

Copy Link

🅕 Facebook   🅣 Twitter

완성된 음악은 세 가지 방법으로 공유할 수 있어요.
· **Copy Link**: 작곡한 음원을 링크로 복사하여 공유할 수 있어요. 공유된 링크의 곡을 수정하고 재공유해도
  원곡은 변경되지 않아요.
· **Facebook**: 페이스북에 공유할 수 있어요.
· **Twitter**: 트위터에 공유할 수 있어요.

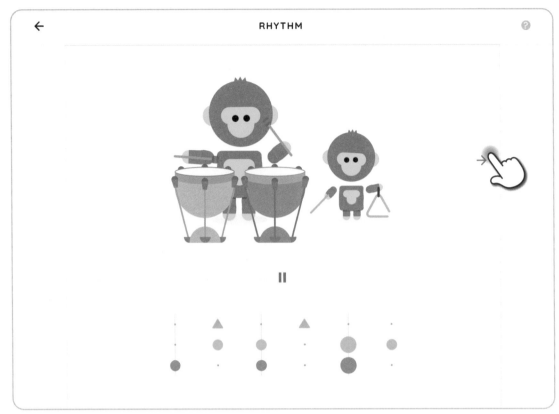

RHYTHM의 악기는 색상과 매칭되어 있어요. 악기에 맞는 색상을 터치하여 다양한 리듬을 만들 수 있어요. 화살표를 클릭하면 악기와 리듬이 바뀌어요. 오른쪽 화살표를 클릭할수록 2박씩 늘어나요. 하지만 악기의 숫자는 3개로 동일해요. 암기해야 할 내용이 있을 때 랩 가사로 만들고 박자를 맞춰가며 랩으로 연습하면 암기 효과가 있어요.

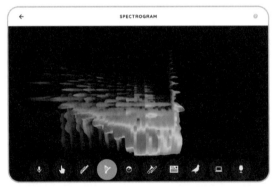

SPECTROGRAM은 소리나 음파를 스펙트럼으로 보여주는 도구예요. 목소리나 하프, 휘파람, 관악기, 전자악기, 새소리, 유리잔 등 다양한 소리를 스펙트럼으로 확인할 수 있어요.

CHORDS에서는 화성의 구성음을 확인할 수 있어요. 장조와 단조를 선택할 수 있고, 피아노 건반을 터치하면 화음의 구성음과 함께 건반의 위치를 시각적으로 보여줘요.

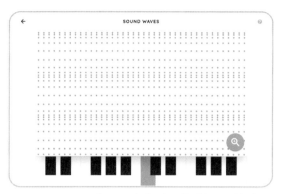

SOUNDWAVES는 소리의 파동을 볼 수 있어요. 피아노 소리의 진동을 파란색 점의 파동으로 볼 수 있어요. 확대하면 피아노 건반을 누를 때마다 진동의 높낮이를 빨간색 선으로 확인할 수 있어요.

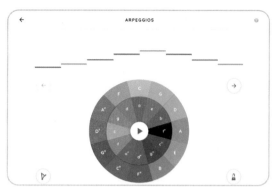

ARPEGGIOS는 화음의 구성음을 펼쳐 보여줘요. 원 안의 코드를 터치하면 구성음을 나열하여 들을 수 있어요. 하프와 피아노로 악기와 빠르기를 조절할 수 있어요.

KANDINSKY는 그림을 소리로 바꿔 주는 도구예요. 선, 원, 삼각형, 글자 등 다양한 그림이 음악 소리로 변해요.

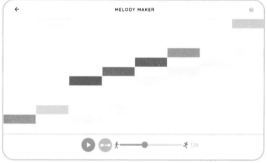

MELODY MAKER에서는 컬러 블록으로 멜로디를 만들 수 있어요. **자동 하모니**는 어울리는 화음을 연주해 줘요.

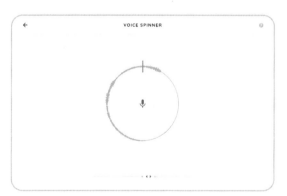

VOICE SPINNER는 짧게 녹음된 소리를 변조해 들을 수 있어요. 슬라이드 바로 재생 속도를 조절하여 녹음된 소리를 변조시켜 들을 수 있어요. 녹음된 음성을 뒤로 돌려 볼 수도 있어요.

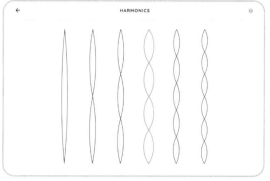

HARMONICS는 주파수 변화에 따른 소리의 높낮이를 알 수 있어요. 소리의 주파수가 시각적, 청각적으로 두 배, 세 배, 네 배 등 정수 배로 늘어날 때의 모습을 보여 줍니다.

영상에 어울리는 배경음악 만들기

1 소리가 없는 짧은 독도 영상을 함께 감상해요.
떠오르는 감정을 멜로디로 표현해 봐요.

2 크롬 뮤직랩의 송메이커를 실행한 후 작곡해
봐요.

3 곡의 길이와 리듬을 세팅해요.

Length	16 bars − +	Scale	Chromatic ⌄
Beats per bar	3 − +	Start on	Middle ⌄ C ⌄
Split beats into	4 − +	Range	3 octave − +

4 리듬에 맞춰 원하는 코드만 입력해도 훌륭한
음악이 된답니다.

영화와 드라마에 배경음악이 없다면 어떨까요? 영화와 드라마에 음악이 빠진다면 앙꼬 없는 찐빵입니다. 우리 삶에도 음악이 없다면 앙꼬 없는 삶입니다. 음악은 감정을 전달하고 공간을 메꾸는 힘이 있어요. 영상을 보며 느껴지는 감정을 음악으로 표현해 보아요.

크롬 뮤직랩으로 영화 음악의 거장 엔리오 모리꼬네처럼 멋진 배경음악을 만들어 볼까요?

5 차분하고 슬픈 느낌을 위해 곡의 빠르기를 조금 느리게 설정하고 악기 소리도 바꿔 줍니다.

6 음악이 완성되면 곡의 링크를 다양한 방법으로 공유해 보세요.

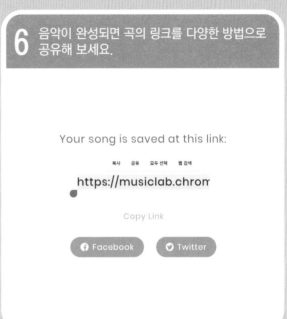

Teaching 꿀팁!

1. 음계의 반음까지 모두 사용하려면 Settings의 Scale을 Chromatic으로 설정해 주세요.
2. 곡의 길이는 최대 16마디까지 설정할 수 있어요.
3. 송메이커로 알고 있는 동요를 디지털 음원으로 만들어 보고, 조금씩 음과 박자를 바꾸며 편곡해 보도록 지도해 주세요.
4. 스마트폰이나 패드에서는 파일을 저장할 수 없지만, 음원 링크를 복사해서 PC에서 열면 MIDI 파일이나 WAV 파일로 저장할 수 있어요. 다운로드한 음원은 핸드폰 벨소리나 알람음으로도 사용할 수 있어요.
5. 음원 링크를 다른 기기에서 열면 SAVE 버튼이 활성화되지 않지만, 음원을 수정하면 바로 SAVE 버튼이 활성화 됩니다. 실제 수정하지 않아도 컴퓨터가 수정한 것으로 인식하도록 해 주면 되겠죠?

작곡에서 연주까지, 개러지밴드!

스마트폰으로 작곡에서 연주까지 할 수 있답니다. 이 앱은 바로 개러지밴드인데요. 개러지밴드를 이용하면 연주뿐 아니라 작곡과 디제잉도 가능합니다. 개러지밴드는 아이폰, 아이패드, 맥에서 무료로 사용할 수 있는 디지털 악기이자, 녹음 스튜디오예요. 악기를 선택하여 연주할 수 있고, 악기를 연주하며 직접 작곡과 녹음을 할 수도 있으며 라이브 루프를 이용하여 쉽게 음악을 만들고 DJ처럼 디제잉도 할 수 있어요.

개러지밴드를 이용해 클래식 음악을 현대식 팝 음악으로 리메이크해 보아요!

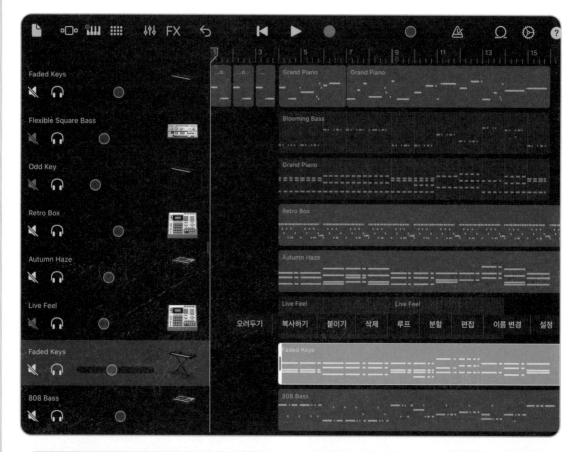

Garage Band

 iOS

위쪽에 있는 **LIVE LOOPS**를 클릭해 주세요. LIVE LOOPS는 DJ 또는 일렉트로닉 음악 프로듀서처럼 쉽게 노래를 만들 수 있어요.

만들고 싶은 음악 장르를 선택해 주세요. 나만의 스타일로 만들고 싶다면 **신규**를 클릭해 주세요.

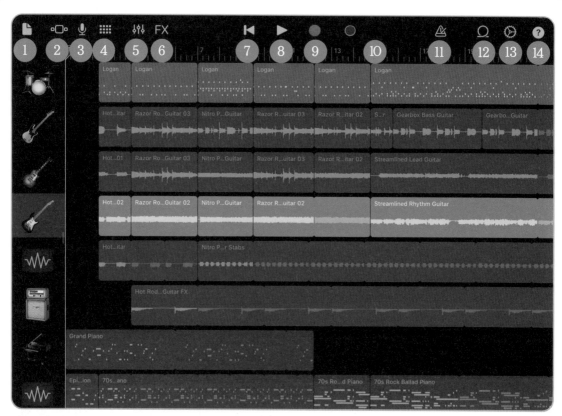

위쪽 메뉴는 세 가지 영역으로 구분돼요.

1. 탐색 영역

 ① **나의 음악** 현재 작업한 결과물이 저장되며, 새로운 음악을 제작하거나 공유할 수 있는 나의 음악 브라우저를 오픈해요.

 ② **브라우저** 가상 악기 또는 Live Loops를 선택할 수 있는 브라우저를 오픈해요.

 ③ **녹음** 마이크를 통해 외부의 소리를 녹음할 수 있어요.

 ④ **트랙 뷰** 녹음이 진행된 경우에만 이용할 수 있어요. 악기로 구분되는 트랙별 녹음 결과를 확인할 수 있어요. 트랙 뷰 상태일 때는 **트랙 뷰** 버튼이 **격자** 버튼으로 변경돼요. **격자** 버튼은 Live Loops를 격자 모양으로 전환할 수 있습니다. 해당 음악에 Live Loops 트랙을 생성한 경우에만 사용할 수 있어요.

 ⑤ **트랙 제어기** 현재 선택된 트랙에 대한 음량, 팬, 에코, 리버브 등을 제어할 수 있어요.

 ⑥ **FX** Remix FX 제어기 기능을 표시하거나 숨길 수 있어요.

2. 노래 재생 영역

 ⑦ **처음으로 이동** 처음 시작 부분으로 이동할 수 있어요. 음악이 재생될 때는 **정지** 버튼으로 바뀌어요.

 ⑧ **재생** 음악이 재생되며, 한 번 더 클릭하면 재생이 중단돼요.

 ⑨ **녹음** 음악이 녹음돼요.

 ⑩ **마스터 음량 슬라이더** 전체 노래의 음량을 조절할 수 있어요.

 ⑪ **메트로놈** 메트로놈 기능을 켜거나 끌 수 있어요.

3. 설정 영역

⑫ **루프 브라우저** 작곡에 필요한 루프를 찾고 미리 들어 볼 수 있는 루프 브라우저를 오픈해요.

⑬ **설정** 메트로놈, 템포, 박자, 조표, 페이드 아웃 등 작곡을 위한 기본 설정을 할 수 있어요.

⑭ **정보** 메뉴별 이용 방법을 표시해요.

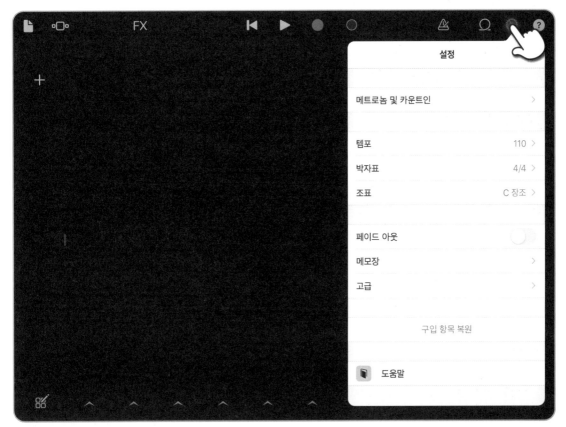

작곡하기 전 오른쪽 위에 있는 **설정** 버튼을 클릭해 템포, 박자표, 조표 등을 원하는 분위기의 음악에 맞게 조절해 주세요.

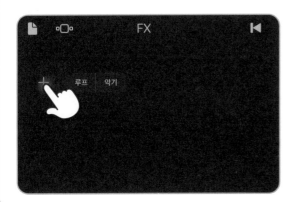

첫 번째 트랙을 제작해 볼까요?

왼쪽 첫 번째 트랙에서 **+**를 클릭해 주세요. 음악 제작은 루프와 악기 중에서 선택할 수 있어요.

· **루프** 반복되는 소리의 형태
· **악기** 가상 악기를 연주하는 방식

먼저 **루프**를 활용해 작곡해 보세요. 다양한 루프 스타일을 제공하고 있고, 악기, 장르, 설명, 즐겨찾기 루프를 선택할 수 있어요.

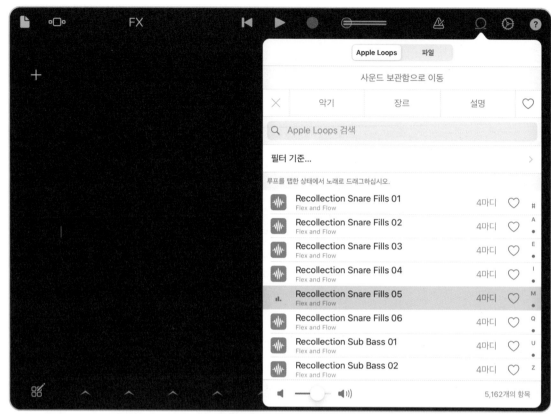

루프 브라우저에서 아이콘을 클릭하면 미리 들어 볼 수 있어요.

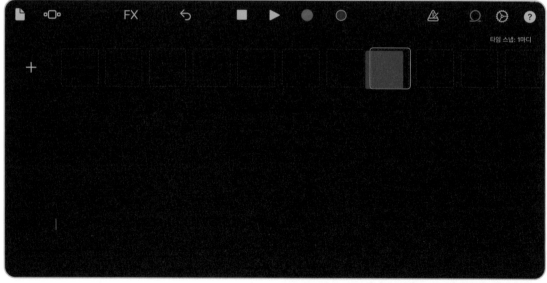

필요한 루프를 드래그하여 원하는 셀(Cell, 사각형)에 넣어 주세요. 루프를 클릭하면 해당 루프의 소리가
자동으로 반복돼요.

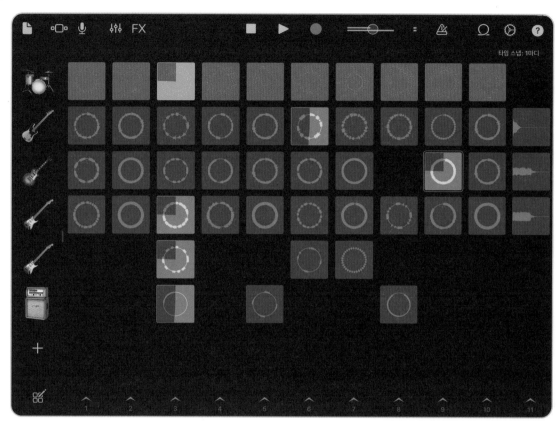

악기별(트랙) 셀은 하나의 음악 재료가 됩니다. 원하는 루프를 셀마다 입력해 주세요.

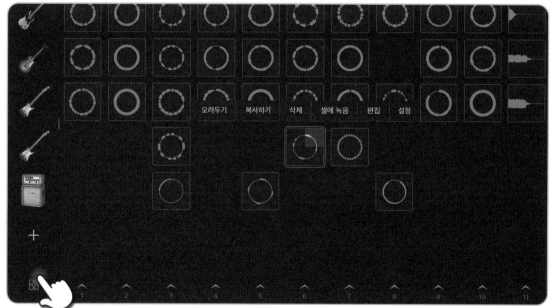

왼쪽 아래 셀 편집 버튼을 클릭한 후 원하는 셀을 길게 눌러 편집하세요.

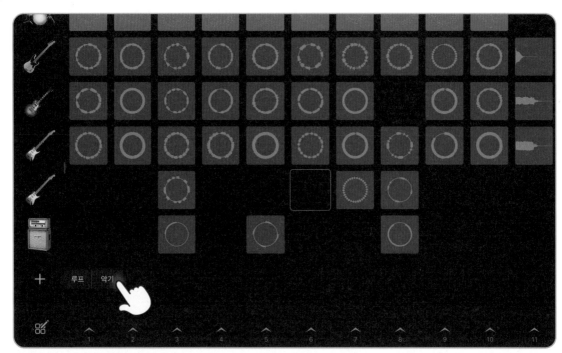

새로운 트랙에 악기를 선택해 보세요.

키보드에서는 그랜드 피아노, 전자 피아노, 오르간, 클라비넷, 신디사이저 등 다양한 멜로디 악기를 연주할 수 있어요.

· Smart Piano 화음 스트립을 사용하여 화음을 쉽게 연주할 수 있어요.

· Alchemy 신디사이저 전자 건반을 연주할 때 사용해요.

· **샘플러** 마이크를 사용하여 녹음하거나 오디오 파일을 추가할 수 있어요.

· **추가 사운드** 다양한 멜로디 악기를 선택할 수 있어요.

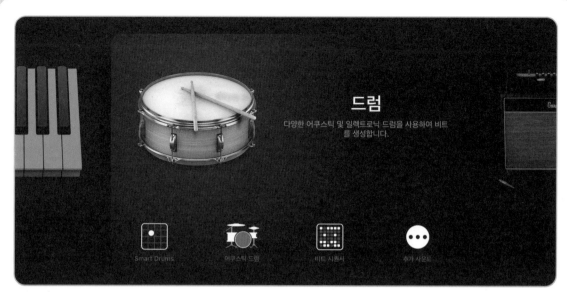

드럼에서는 어쿠스틱 드럼, 일렉트로닉 등 다양한 드럼을 선택하여 연주할 수 있어요.

· **Smart Drums** 드럼을 격자에서 드래그하고 배치하여 쉽게 드럼을 연주할 수 있어요.

· **어쿠스틱 드럼** 실제로 드럼을 연주하듯 터치하여 연주할 수 있어요.

· **비트 시퀀서** 셀을 터치하여 반복되는 리듬 패턴을 만들 수 있어요.

· **추가 사운드** 다양한 드럼 소리를 선택할 수 있어요.

엠프에서는 엠프가 필요한 전자 기타, 전자 베이스 등의 악기를 연결하여 실제 엠프의 역할을 할 수 있어요.

· **왜곡 안 함** 원래의 악기 소리가 녹음돼요.

· **왜곡됨** 게인, 리버브, 디스토션 등의 효과가 적용된 소리가 녹음돼요.

· **베이스** 저음역대가 강조되는 소리가 녹음돼요.

· **추가 사운드** 다양한 엠프 효과를 선택할 수 있어요.

오디오 레코더에서는 마이크를 사용해 목소리나 악기 소리를 직접 녹음할 수 있어요.

· **음성** 톤, 피치, 드라이브 등 사람의 목소리만 녹음할 수 있어요.

· **악기** 톤, 컴프레셔 등 어쿠스틱 악기 소리를 설정하여 녹음할 수 있어요.

· **추가 사운드** 다양한 오디오 레코더 효과를 선택할 수 있어요.

스트링에서는 바이올린, 비올라, 첼로 등 클래식 현악기를 연주할 수 있어요.

· **Smart Strings** 화음 및 자동 연주 기능을 활용하여 녹음할 수 있어요.

· **Notes** 실제로 악기를 연주하듯 음계를 활용하여 녹음할 수 있어요.

· **음계** 실제 악기 위에 음계를 표기하여 솔로 연주 등 멜로디 위주의 소리를 녹음할 수 있어요.

· **추가 사운드** 시네마틱, 모던, 팝, 로맨틱 분위기를 설정할 수 있어요.

베이스에서는 베이스 기타를 연주할 수 있어요.

· **Smart Bass** 화음 및 자동 연주 기능을 활용하여 녹음할 수 있어요.

· **Notes** 실제 악기를 연주하듯 음계를 활용하여 녹음할 수 있어요.

· **음계** 실제 악기 위에 음계를 표기하여 솔로 연주 등 멜로디 위주의 소리를 녹음할 수 있어요.

· **추가 사운드** 다양한 베이스 소리를 선택할 수 있어요.

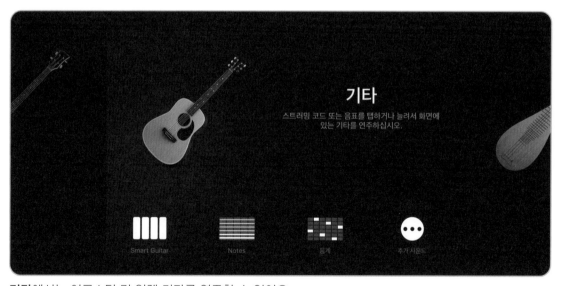

기타에서는 어쿠스틱 및 일렉 기타를 연주할 수 있어요.

· **Smart Guitar** 화음 및 자동 연주 기능을 활용하여 녹음할 수 있어요.

· **Notes** 실제 악기 연주하듯 음계를 활용하여 녹음할 수 있어요.

· **음계** 솔로 등 음계 위주의 연주를 녹음할 수 있어요.

· **추가 사운드** 다양한 어쿠스틱 및 일렉 기타 소리를 선택할 수 있어요.

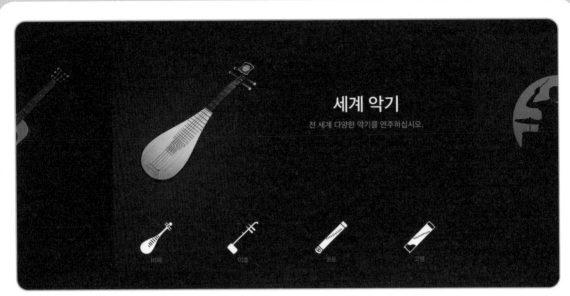

세계 악기에서는 다양한 전통 악기를 연주할 수 있어요.
· **비파** 전통 악기인 비파를 연주하여 녹음할 수 있어요.
· **이호** 중국 악기인 이호(얼후)를 연주하여 녹음할 수 있어요.
· **코토** 일본 악기인 코토를 연주하여 녹음할 수 있어요.
· **고쟁** 중국 악기인 고쟁을 연주하여 녹음할 수 있어요.

DRUMMER에서는 다양한 스타일의 가상 드러머를 활용하여 녹음할 수 있어요.
· **어쿠스틱** 실제 드러머가 연주하듯 가상 드러머의 연주를 편집하여 녹음할 수 있어요.
· **일렉트로닉** 실제 일렉트로닉 스타일의 연주를 편집하여 녹음할 수 있어요.
· **퍼커션** 가상의 퍼커션 연주자의 스타일을 편집하여 녹음할 수 있어요.
· **Drummer 더 보기** Acoustic, Electronic, Percussion의 가상 연주자를 선택할 수 있어요.

EXTERNAL에서 GarageBand 앱과 호환되는 타사 앱과 연결하면 더욱 풍성한 음악을 만들 수 있어요.

사운드 보관함에서는 추가로 제공하는 악기와 소리, 루프를 확인하고 다운로드할 수 있어요.

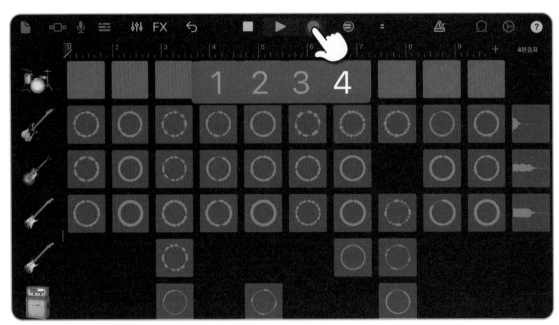

작곡이 완료되면 **녹음하기**를 클릭해 주세요. 네 박자 후에 녹음이 시작돼요.

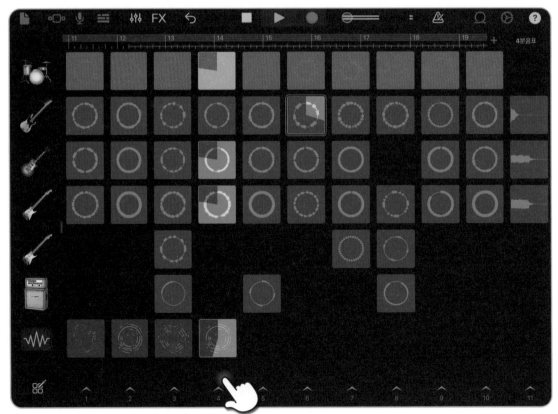

1~11번 중 번호를 클릭하면 해당 열의 셀이 동시에 연주돼요. 원하는 셀만 클릭해 녹음할 수도 있어요.

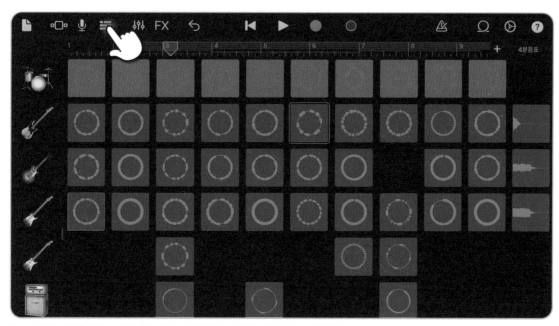

트랙 뷰 버튼을 클릭하면 악기별 트랙 뷰로 전환하여 볼 수 있어요.

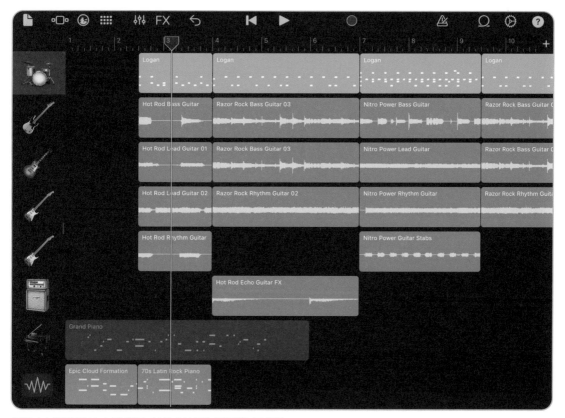

트랙 뷰 화면에서 수정하고 싶은 부분을 클릭해 주세요.

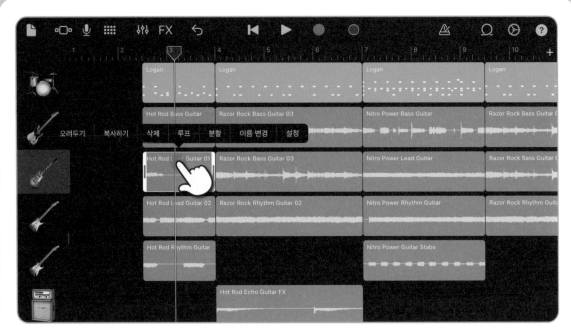

트랙을 클릭하면 오려 두기, 복사하기, 삭제, 선택한 부분의 음을 정해진 길이만큼 반복하는 루프, 2개로 분할, 이름 변경을 할 수 있어요. **설정** 메뉴에서는 소리 증폭, 길이, 템포, 피치, 속도 등을 설정해요.

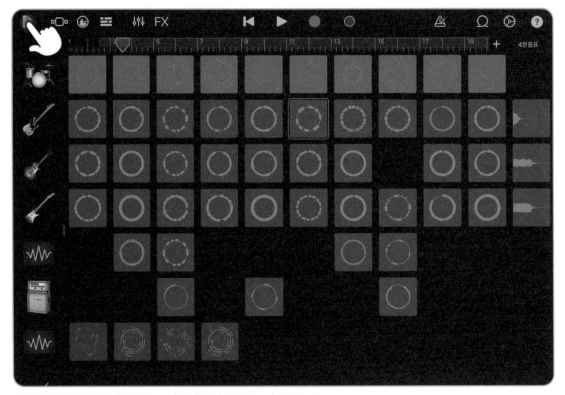

곡이 완성되면 왼쪽 위에 있는 **나의 음악**을 클릭해서 저장해요.

나의 음악에서 작곡한 음악들을 볼 수 있어요.

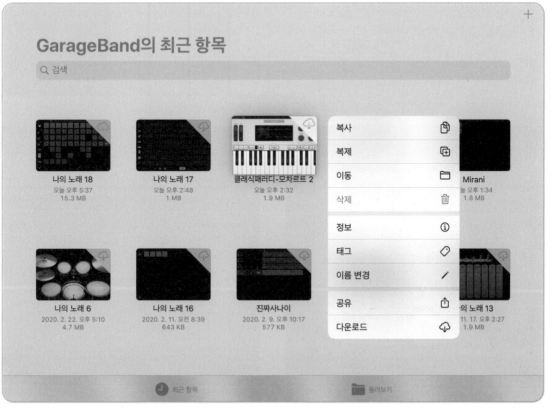

공유하고 싶은 음악을 길게 터치하면 복사, 복제, 이동, 삭제, 이름 변경, 공유, 다운로드 등을 할 수 있어요.

클래식 음악 리메이크하기

1 리메이크할 곡을 골라 주세요. 선곡한 곡의 코드 진행과 멜로디를 확인합니다.

2 개러지밴드에서 원하는 악기를 선택하세요. 코드 진행에 맞춰 코드를 터치하세요. 멜로디를 녹음할 때는 설정을 건반으로 바꾸고 연주하세요.

3 필요한 악기의 트랙을 추가하고 비트 시퀀서로 어울리는 리듬을 만들어 녹음합니다. 다양한 타악기를 추가할 수 있어요.

4 녹음이 완료되면 악기별 초록색 트랙이 생성됩니다. 트랙을 두 번 터치하면 세부 편집을 할 수 있어요.

음악에 대해 잘 모르는 일반인이 작곡가가 될 수 있을까요? 과거라면 작곡을 하기 위해 화성학을 배워야 했고 악기도 하나쯤 다룰 줄 알아야 했지만, 디지털 리터러시만 갖추고 있다면 이제는 누구나 작곡가가 될 수 있어요. 개러지밴드로 작곡을 하고 연주도 할 수 있습니다.

내가 들을 음악은 내가 만든다! 개러지밴드로 클래식 음악을 현대식 팝 음악으로 리메이크해 볼까요?

5 편집에서 잘못된 음을 수정할 수 있어요. 설정에서 해당 트랙의 박자를 좀 더 정확하게 바꾸거나 소리의 크기를 조정할 수 있어요.

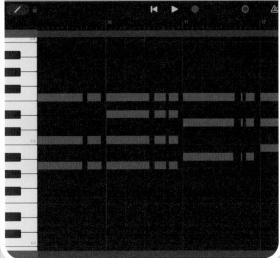

6 완성된 음악을 공유하고 픽스아트로 앨범을 디자인하여 디지털 음반을 만들어 보세요.
▶ PicsArt 사용법 참고

Teaching 꿀팁!

1. '무'의 상태에서 음악을 만드는 건 다소 힘들게 느낄 수 있으므로 처음에는 머니 코드를 검색해 활용할 수 있도록 지도해 주세요. 머니 코드를 사용하여 음악을 만드는 건 저작권에 위배되지 않는답니다.
2. 기존 곡을 리메이크하는 경우 저작권에 대해 알아볼 수 있도록 지도해 주세요.
3. 악기 구성에 현악기와 관악기는 없지만, 키보드의 Alchemy 신디사이저에서 건반으로 연주하면 현악기와 관악기 소리를 낼 수 있어요.
4. 루프를 활용하여 응원가를 제작할 수 있어요.
5. 각자 악기를 맡아 합주할 수 있어요.

내 손 안에 수많은 악기를 하나로, 워크밴드!

아이폰에 개러지밴드가 있다면 안드로이드폰에는 워크밴드가 있어요. 멀티 트랙 녹음 기능도 있어서 피아노 선율에 드럼 비트와 기타 코드를 추가할 수 있답니다. 악기마다 연주법이 다르고 저마다 개성도 있어서 실제 연주하는 걸 배우려면 많은 시간이 필요하지만, 디지털 악기 연주는 방법이 간단해서 조금만 노력하면 초보자도 쉽게 연주할 수 있어요.

워크밴드로 친구들과 함께 진짜 밴드처럼 합주해 보아요!

Walk Band

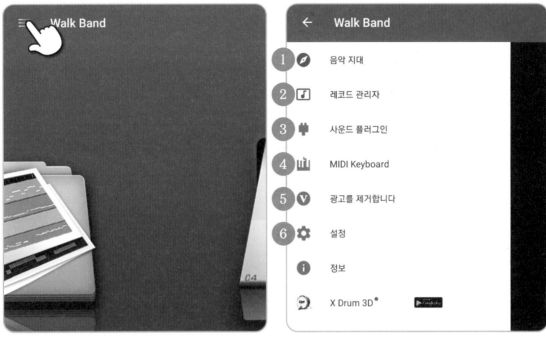

왼쪽 위의 ☰를 클릭하면 오른쪽 위와 같은 메뉴가 나타나요. 메뉴에 대해 설명할게요.

① **음악 지대** 작곡하거나 연주한 곡을 다른 사람에게 공유하거나 다른 사람들의 음악을 감상할 수 있어요.

② **레코드 관리자** 키보드, 드럼, 기타, 베이스 등 녹음된 음악 파일을 관리해요.

③ **사운드 플러그인** 다양한 악기 소리를 추가하거나 워크밴드와 호환되는 타사 앱을 다운로드할 수 있어요.

④ **MIDI Keyboard** 실제 키보드를 USB로 앱에 연결하여 연주하고 녹음할 수 있어요.

⑤ **광고를 제거합니다** 유료로 구매하여 앱에서 노출되는 광고를 제거할 수 있어요.

⑥ **설정** 악기별 설정과 메트로놈, 스크린 압력 등을 설정할 수 있어요.

키보드를 클릭해 주세요.

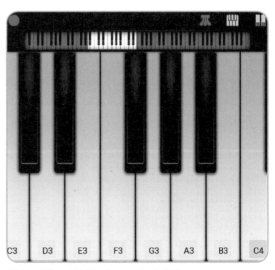

위와 같은 가상의 키보드가 나와요.

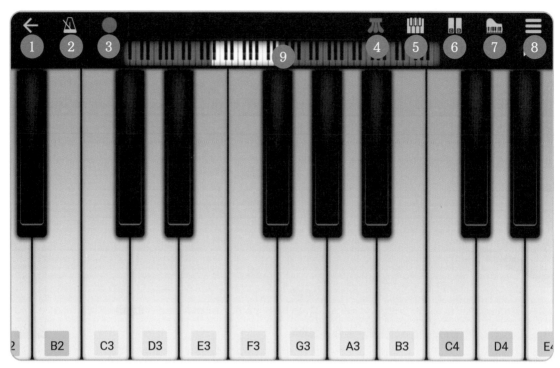

위쪽에 있는 메뉴를 왼쪽부터 순서대로 설명할게요.

① **뒤로 가기** 메인 화면으로 돌아갈 수 있어요.

② **메트로놈** 메트로놈 기능을 켜거나 끌 수 있어요.

③ **녹음 외부** MIDI나 MIC(마이크)로 녹음할 수 있어요.

④ **페달** 피아노 리버브(여음) 기능을 켜거나 끌 수 있어요.

⑤ **건반** 화음 모드, 한 줄 모드, 두 줄 모드, 2인용 모드 등으로 변경할 수 있어요.

⑥ **라벨** 건반에 음을 어떻게 표시할지 결정할 수 있어요.

⑦ **그랜드 피아노** 피아노의 음색이나 종류를 변경할 수 있어요.

⑧ **설정** 화면에 노출되는 건반의 수, 리버브, 진동, 잠그기 등을 설정할 수 있어요.

⑨ **건반** 내비게이션을 좌우로 움직이면서 아래 건반을 바꿀 수 있어요. 저음부터 고음까지 키보드를 연주
할 수 있어요.

기타를 클릭해 주세요.

베이스도 기타와 사용 방법이 동일해요.

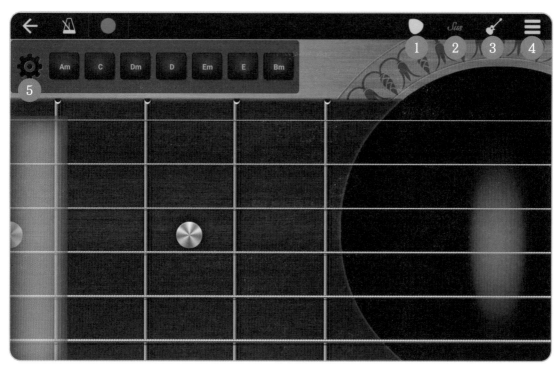

위의 왼쪽 메뉴는 키보드와 동일하므로 오른쪽에 있는 메뉴를 설명할게요.

① **솔로** 솔로 연주 모드로 전환할 수 있어요.

② **Sus** 리버브(여음) 기능을 켜거나 끌 수 있어요.

③ **기타** 기타 종류를 변경할 수 있어요.

④ **설정** 화음 선택 및 리버브 등 기타 연주에 필요한 설정을 할 수 있어요.

⑤ **설정** 화음(코드) 연주 모드에서는 연주에 필요한 코드를 설정할 수 있어요.

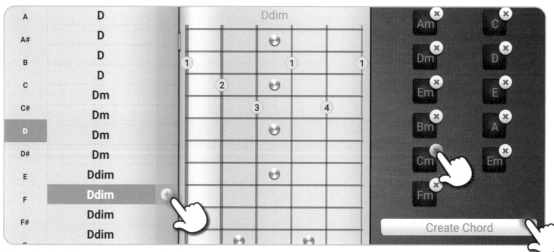

연주에 필요한 코드는 ＋ 를 클릭해 추가하고 필요 없는 코드는 ✕ 를 클릭해 주세요. **Create Chord** 버튼을 클릭하면 String, Fret, Finger를 설정하여 새로운 코드를 등록할 수 있어요.

이번에는 드럼 화면입니다. 주사위 버튼과 오른쪽에 있는 메뉴를 설명할게요.

① **주사위** 다양한 장르의 자동 패턴을 사용할 수 있어요.

② **드럼** 오리지널 및 격자 등 드럼 모드를 변경할 수 있어요.

③ **스네어** 재즈, 댄스, 힙합, 타악기 등 드럼 스타일을 적용할 수 있어요.

④ **설정** 리버브, MP3 바 보기, DrumPad AutoPlay Mode 설정 외에 다양한 드럼 패턴을 불러오거나 녹음한 패턴을 불러올 수 있어요.

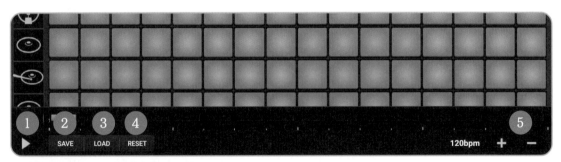

드럼 머신 아래에 있는 메뉴를 설명할게요.

① **재생/정지** 설정한 패턴을 재생하거나 정지할 수 있어요.

② **SAVE** 제작한 드럼 패턴을 저장할 수 있어요.

③ **LOAD** 미리 저장한 드럼 패턴을 불러올 수 있어요.

④ **RESET** 패턴을 초기화할 수 있어요.

⑤ **BPM** 빠르기를 조절할 수 있어요.

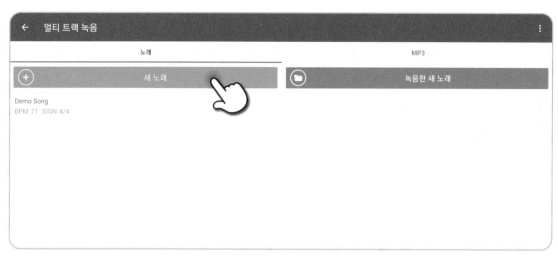

작곡할 수 있는 **다중 트랙 신시사이저**를 클릭하면 **노래**와 **MP3** 메뉴가 보입니다.

노래는 작곡하거나 저장한 노래를 불러올 수 있어요.

MP3는 기존 MP3에 추가로 녹음할 수 있어요.

노래 화면에서 **새 노래**를 클릭하면 아래와 같이 새 노래 기본 설정을 할 수 있어요.

이름 새로운 곡 제목을 입력해 주세요.

Signature 박자를 선택해 주세요.

방법 전체 마디를 선택해 주세요.

BPM 속도(빠르기)를 선택해 주세요.

멀티 트랙 녹음 화면에 있는 메뉴를 설명할게요.

① **뒤로가기** 이전 화면으로 돌아갈 수 있어요.

② **재생** 음악을 재생해요.

③ **정지** 재생을 정지해요.

④ **처음으로 돌아가기** 음악의 처음으로 돌아갈 수 있어요.

⑤ **속도** 음악의 빠르기를 조절할 수 있어요.

⑥ **세팅** 박자, 마디, 속도를 수정할 수 있어요.

⑦ **설정** 메트로놈, 리버브 외에 트랙을 병합할 수 있어요.

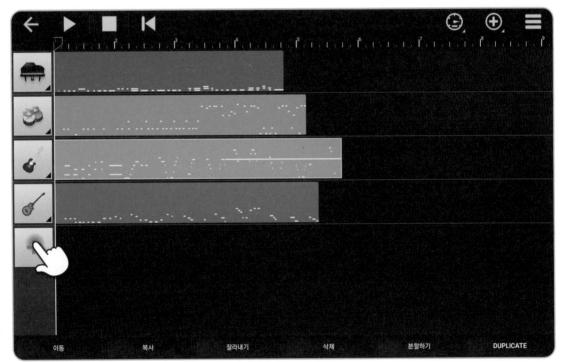

+ 버튼을 눌러 트랙을 추가해 주세요. 악기를 선택하고 녹음할 수 있어요.

트랙을 수정하고 싶으면 트랙을 클릭해 주세요. 아래에 편집할 수 있는 메뉴가 나타납니다.

트랙을 이동할 수 있는 **이동**, 트랙을 복사하여 붙여 넣을 수 있는 **복사**, 트랙을 잘라 낼 수 있는 **잘라내기**, **삭제**, **분할**, 같은 트랙에 바로 복사할 수 있는 DUPLICATE 버튼이 나타납니다.

녹음이 완료되면 왼쪽 위의 **뒤로가기** 버튼을 클릭한 후 저장해 주세요. 이때 취소를 누르면 저장되지 않으니 주의해야 해요.

녹음이 완료된 음악은 리스트 오른쪽에 있는 **MP3** 버튼을 클릭해 MP3 파일로 변환할 수 있어요.

MP3에서 내가 제작한 MP3 파일을 확인할 수 있어요.

합주하며 팀워크 다지기

1 모둠별로 연주할 곡을 고르고 악보도 준비한 후 멜로디 악기와 리듬 악기로 나누어 연주할 악기를 정해 보세요.

2 드럼 등의 타악기는 박자에 맞게 연주하는 것이 중요해요.

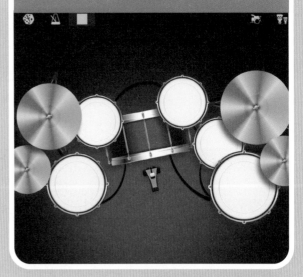

3 멜로디 악기는 정해진 코드에서 벗어나지 않도록 주의해 주세요. 화음 편집을 활용하면 화음 구성음을 몰라도 연주할 수 있어요.

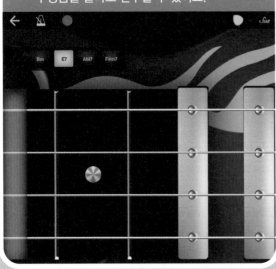

4 멜로디를 연주할 때는 피아노 건반을 활용하여 다양한 소리로 바꿔가며 연주해 보세요.

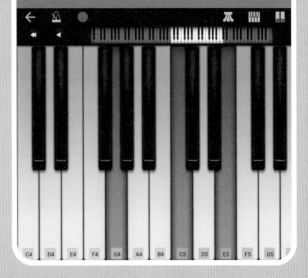

재즈는 악보 없이 즉흥적으로 연주하는 민주적인 음악으로 유명하죠. 악보도 없이 기타, 드럼, 피아노, 트럼펫 등 여러 악기 연주자들이 어떻게 하나의 아름다운 소리를 낼 수 있을까요? 자신이 맡은 역할을 잘해야겠지만, 다른 사람의 연주 소리에 집중하며 소통하기 때문에 가능한 일입니다. 합주하며 하나의 선율을 만들어 내는 활동은 팀워크를 키우고 배려심을 배울 수 있는 멋진 경험이에요.

워크밴드로 합주를 하며 함께 살아가는 삶의 지혜를 배워 볼까요?

5 각자 맡은 악기를 연습하세요.

6 함께 모여 박자에 맞춰 합주해요.

Teaching 꿀팁!

1. 코드를 몰라도 화음 편집으로 연주할 수 있어요.
2. 다양한 악기로 연주팀을 구성하여 여러 소리가 어우러지는 경험을 하도록 지도해 주세요.
3. 화면을 이동할 때마다 광고가 나타날 수 있어요. 광고를 클릭하지 않도록 지도해 주세요.
4. 개인 연습을 충분히 해야 합주가 즐거워집니다. 합하는 다른 친구들을 위해 각자 충분히 연습할 수 있도록 독려해 주세요.
5. 목표가 있다면 더욱 열심히 연습할 수 있겠죠. 학급 발표회나 공연을 기획해 보세요. 스피커를 연결하여 크게 들을 수 있도록 하면 공연 효과가 훨씬 더 커집니다.

e-Book 작가가 되어 보는, 북크리에이터!

요즘 독서 인구가 줄고, 문자와 영상 SNS로 인해 점점 더 긴 글을 꺼려하는 분위기죠. 책을 직접 만들어 본다면 글에 대한 생각이 많이 달라질 것 같네요. 북크리에이터는 디지털 책을 만들 수 있는 도구랍니다. 텍스트, 이미지, 오디오, 비디오를 활용해 살아 있는 책을 만들 수 있어요. 동화, 시집, 과학 보고서 등 다양한 장르의 책을 만들고 공유할 수 있답니다. 자신의 디지털 포트폴리오도 개성 넘치게 만들어 볼 수 있고요.

'책은 사람을 만들고, 사람은 책을 만든다!' 북크리에이터로 식물의 한살이 관찰 일기책을 만들어 보아요!

www.BookCreator.com Chrome Browser

크롬 브라우저에서 bookcreator.com 사이트에 접속하세요.

회원 가입을 해 주세요. 선생님 계정으로 가입하면 학생들을 코드로 초대할 수 있어요.

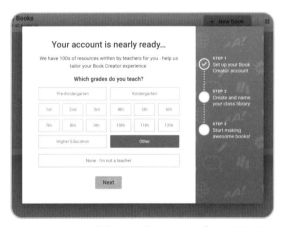

만들려는 책에 적합한 대상 학년과 과목을 선택하세요.

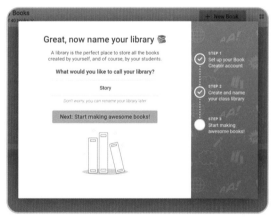

라이브러리명을 입력하세요.

오른쪽 위에 있는 + New Book 버튼을 클릭하세요.

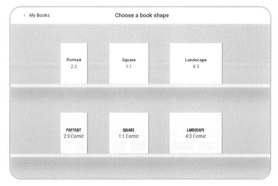

원하는 레이아웃을 선택해 주세요.

① **My Books** 현재 Library에 있는 책 목록을 보여줘요.

② **Pages** 페이지 구성을 볼 수 있이요.

③ **Undo** 되돌리기할 수 있어요.

④ **+** 텍스트, 이미지, 패널 등 다양한 개체를 추가할 수 있어요.

⑤ **i** 페이지 배경을 넣을 수 있어요.

⑥ **▶** 미리 보기를 제공해요.

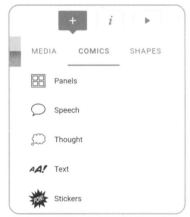 

+ 클릭 후 COMICS를 선택하면 아래와 같이 실행할 수 있습니다.

· **Panels** 화면을 나눠요.

· **Speech** 말풍선을 추가해요.

· **Thought** 생각 풍선을 추가해요.

· **Text** 옆에 보이는 것처럼 다양한 형태의 텍스트를 추가할 수 있어요.

· **Stickers** 재미있는 스티커를 넣을 수 있어요.

TEXT STYLE 중 하나를 클릭하면 이와 같이 글자 입력 창이 나옵니다.

① **링크** 웹 페이지 URL을 추가할 수 있어요.

② **마이크** 음성을 인식하여 텍스트로 바꿔 줘요.

③ **돋보기** 글자를 확대해 볼 수 있어요.

④ **CANCEL** 글자 입력을 취소해요.

⑤ **DONE** 글자 입력 내용을 저장해요.

입력한 텍스트를 길게 터치하면 **편집** 탭이 나와요.
- **Edit text** 입력한 텍스트를 수정할 수 있어요.
- **Format** 텍스트 크기, 정렬, 폰트, 컬러, 백그라운드 컬러, 컬럼의 개수, 그림자, 앞뒤 배치 및 이동을 할 수 있어요.
- **Cut** 텍스트를 잘라 낼 수 있어요.
- **Copy** 텍스트를 복사할 수 있어요.
- **Paste** 복사한 텍스트를 붙여 넣을 수 있어요.
- **Move to front** 텍스트를 제일 위로 이동해요.
- **Move to back** 텍스트를 제일 아래로 이동해요.
- **Lock** 선택되지 않도록 잠가 줘요.

이미지나 동영상을 추가하려면 +에서 MEDIA를 선택해 주세요.
- **Import** 이미지, 파일, 웹 페이지를 추가할 수 있어요. (Android 태블릿의 일부 기기에서는 저장된 동영상이나 음원이 업로드되지 않는 오류가 있어요.)
- **Camera** 기기의 카메라로 사진이나 영상을 촬영하여 첨부해요.
- **Pen** 그리기 도구를 제공해요. Autodraw.com에 있는 기능을 제공하는 Auto 펜은 인공지능이 내가 그린 그림이 어떠한 그림인지 추측하여 완성된 그림으로 제안해 줘요. ▶Autodraw.com 사용법 참고
- **Text** 텍스트를 입력할 수 있어요. 마이크는 구글 문서의 음성 입력 기능을 제공해요.
- **Record** 소리를 직접 녹음할 수 있어요.

Import를 선택하세요. **문서**를 선택하여 기기에 저장된 이미지를 추가해 주세요.

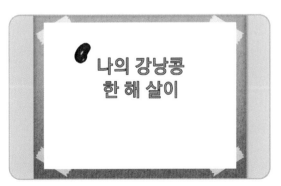

제목 옆에 ibis PaintX 앱에서 그린 강낭콩 씨앗 그림을 추가했어요. ▶ibis PaintX 사용법 참고

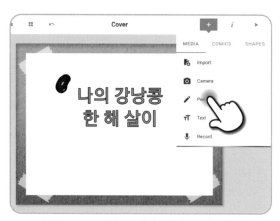

Auto 펜으로 그림을 그려 볼게요. +에서 **MEDIA** **Pen**을 선택하세요.

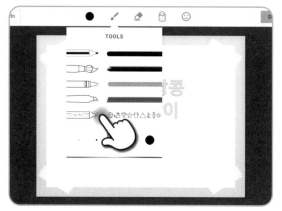

TOOLS에서 제일 아래 있는 Auto 펜을 선택한 후 원하는 이미지를 그려 보세요.

인공지능이 제안하는 그림 중 원하는 이미지가 있는지 살펴보고 가장 적합한 것을 선택해 주세요.

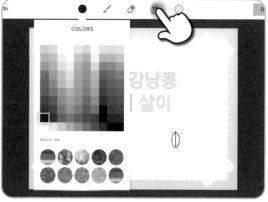

원하는 컬러를 선택한 후 **페인트통**으로 채색하고 싶은 부분을 클릭해 주세요.

Autodraw로 새싹 그림을 넣어 싹이 튼 씨앗을 완성 했어요.

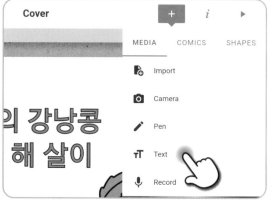

표지에 이름을 써 보세요. +에서 **MEDIA**의 **Text**로 학교와 이름을 입력해 보세요.

추가된 Text를 길게 터치하면 **편집** 메뉴를 볼 수 있어요.

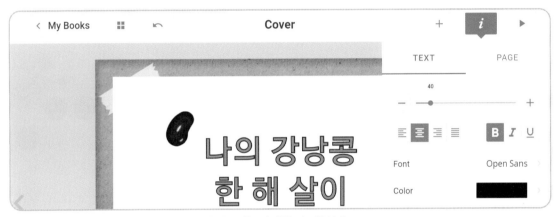

Format에서 폰트 정렬, 크기, 색상, 배경 등을 변경할 수 있어요.

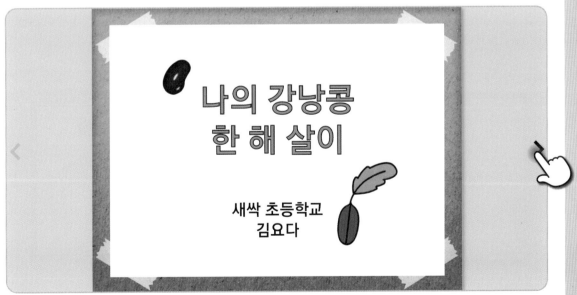

표지를 완성했으면 다른 페이지를 추가로 작성하기 위해 오른쪽 **화살표**를 클릭하세요.

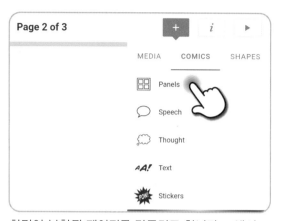

화면이 분할된 페이지를 만들려고 합니다. +에서 **COMICS**를 선택하고 **Panels**를 선택해 주세요.

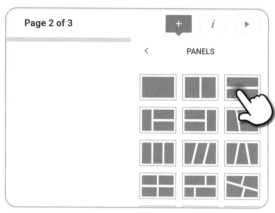

분할된 화면에 맞춰 이미지를 삽입할 수 있습니다. 원하는 페이지 모양을 선택해 주세요.

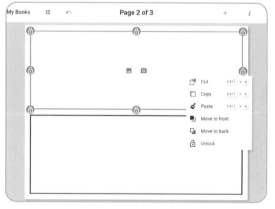

삽입된 Panel을 길게 터치하면 편집창이 나타나요. **Unlock**을 누르면 Panel의 크기도 조절할 수 있어요.

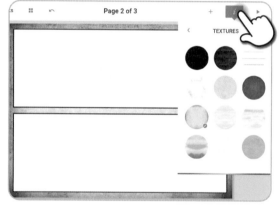

i를 클릭하면 TEXTURES가 보입니다. Panel의 배경을 넣어 주세요.

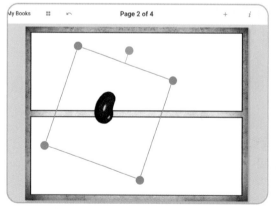

MEDIA에서 **Import**로 이미지를 추가하면 Panel의 크기와 상관 없이 이미지를 추가할 수 있어요.

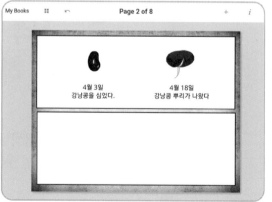

MEDIA에서 **Text**를 추가하면 Panel의 크기와 상관없이 텍스트를 추가할 수 있어요.

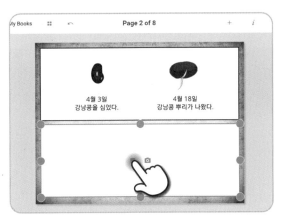

아래쪽 Panel에는 배경을 넣어 볼게요. Panel의 이미지 아이콘을 클릭하세요.

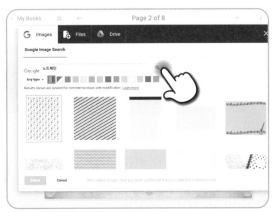

Images 탭에서 '노트패턴'으로 검색하여 원하는 배경을 선택하세요.

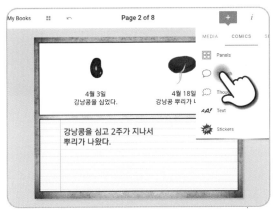

Text로 관찰 일기를 입력하고, **COMICS**의 **Speech**로 말풍선도 추가해 보세요.

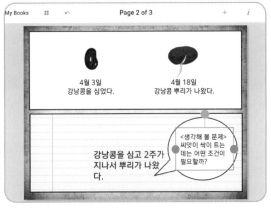

말풍선을 추가한 후 MEDIA의 Text로 입력해 보세요. (Android 태블릿은 말풍선 텍스트 입력 오류가 있어요.)

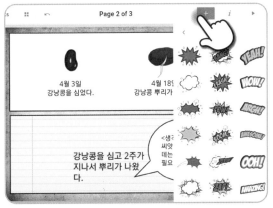

COMICS에서 STICKERS도 추가해 보세요. STICKERS는 텍스트가 있는 것과 없는 것이 있어요.

말풍선 STICKERS를 넣었어요. **+**의 **COMICS**에서 **Text**로 스티커에 맞는 문구를 입력해 보세요.

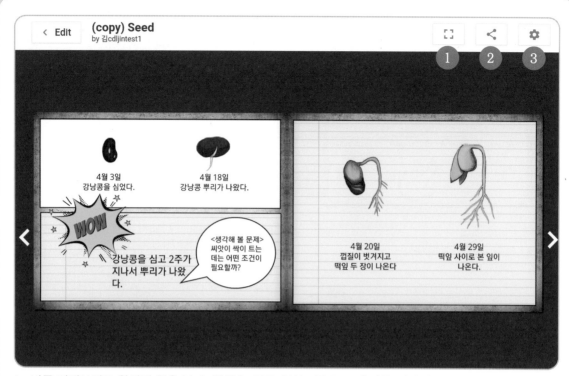

▶ 버튼 미리보기로 완성된 책을 볼 수 있어요. 좌우 화살표를 누르면 다른 페이지로 이동해요.

① **전체 보기** 전체 화면으로 볼 수 있어요.

② **공유** BookCreator 사이트에 게시할 수 있는 **Publish online**, epub 형식으로 다운로드할 수 있는 **Download as ebook**, 프린트할 수 있는 **Print** 메뉴가 있어요.

③**설정** 미리보기 설정을 할 수 있어요. 펼침면으로 보기, 전체 화면 보기를 선택할 수 있어요. 아이패드에서는 오디오북 기능이 가능해 자동 페이지 넘기기, 읽어 주는 속도까지 설정할 수 있어요.

책 메뉴와 **공유** 메뉴에서 아래 작업을 할 수 있어요.

· **Import book** epub 파일을 업로드하여 Book Creator에서 편집할 수 있어요.

· **Move to Library** 책을 다른 Library로 이동해요.

· **Copy book** 책을 복사해요.

· **Combine books** Library의 책을 2개 이상 선택하여 하나의 책으로 만들어요.

· **Delete book** 책을 삭제해요.

· **Publish online** BookCreator 사이트에서 누구나 볼 수 있도록 게시해요.

· **Collaborate** 다른 사람도 책을 편집할 수 있도록 설정해요. 이 기능은 유료일 때 사용 가능합니다.

· **Download as ebook** epub 파일로 다운로드해요.

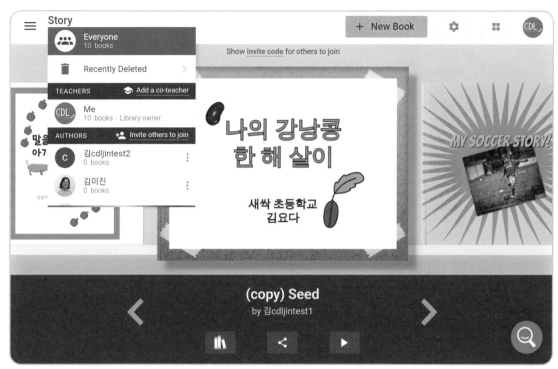

왼쪽 위의 **Everyone's books**를 클릭하면 Library의 공유 상태를 보여 줍니다. 무료 회원으로 제작할 수 있는 책은 비공개와 공개 각 40권씩이랍니다.

AUTHORS 아래에 Library에 초대된 학생들이 보여요. Library를 공유하기 전에 **설정**에서 학생들의 권한을 조정할 수 있어요.

책 위의 **Invite code**를 클릭하면 학생들을 초대할 수 있는 Library 코드가 생성돼요. 생성된 코드를 학생들에게 알려 주세요.

학생들은 기기에서 Book Creator에 로그인하고 code를 입력하면 선생님이 공유한 Library를 볼 수 있어요.

식물의 한살이 관찰 일기책 만들기

1 관찰 일기의 제목과 표지를 작성해 보세요.

2 강낭콩을 물에 불려 싹을 틔우는 과정을 관찰하고 기록하세요.

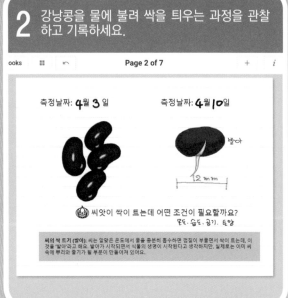

3 Book Creator의 펜 기능을 활용하여 날짜를 기록하세요.

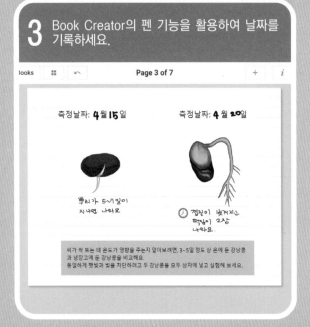

4 펜 색상을 바꾸어 작성할 수 있어요.

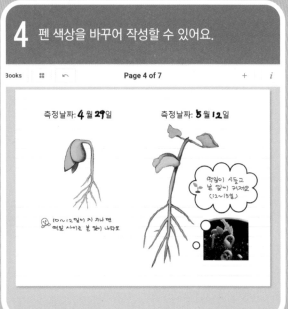

식물이 자라는 과정을 자세히 관찰해 본 적 있나요? 소리 없이 싹을 틔우고, 줄기가 자라고, 열매를 맺는 과정을 보면 신비롭기도 하고, 생명의 소중함을 느끼게 되지요. 그저 관찰만 하는 것이 아니라 관찰 일기로 작성해 보면 더욱 자세히 관찰할 수 있을 뿐 아니라 나의 지식, 나의 콘텐츠로 만들 수도 있답니다. 식물의 한살이 관찰 계획을 세우고, 식물에게 이름도 지어주고, 과정을 기록하며 관찰 일기책으로 만들어 보세요. 또 하나의 가족이라 느껴질 거예요.

북크리에이터를 이용하여 식물의 한살이 관찰 일기책을 만들어 볼까요?

5 중요한 기록은 말풍선과 스티커로 강조할 수 있어요.

6 관찰 일기를 쓰며 알게된 점을 작성해 보세요.

Teaching 꿀팁!

1. 책을 읽는 것도 중요하지만, 직접 책을 만들어 보는 것도 좋은 경험이지요. 식물을 주제로 관찰자의 입장에서 논리적인 책을 만들어도 좋고, 식물의 입장에서 일기 형식으로 창의적인 책을 만들어도 좋겠네요. 관점을 정하고 논리적인 글 또는 창의적인 글을 작성할 수 있도록 지도해 주세요.
2. 관찰 일기는 계획된 일정대로 빠짐없이 꾸준히 기록하는 것이 중요합니다. 자라나는 식물의 성장 과정을 놓치지 않고 기록할 수 있도록 지도해 주세요. 사진을 찍어 사용하도록 하는 것도 좋은 방법이 될 수 있어요.
3. 녹음 기능을 이용하여 내레이션을 넣거나 배경음악을 추가할 수도 있어요.

Q 디지털 카드를 쉽고 빠르게, Q카드뉴스!

누군가를 축하해 주거나 위로해주고 싶을 때 글로만 보내기에는 뭔가 아쉽고 부족하다는 생각이 든 적이 있지 않나요? 연말연시에 카드를 보내듯 특별한 카드를 만들어 전달한다면 정말 멋지겠죠? Q카드뉴스는 스마트폰으로 간단하게 카드뉴스를 만들 수 있는 앱입니다. 이용 방법이 아주 간단해서 순식간에 카드 및 카드뉴스를 만들 수 있답니다. 학습한 내용을 정리하는 등 공부에도 유용하게 사용할 수 있어요.

글에 힘을 더하는 방법! Q카드뉴스로 수업 시간에 배운 내용을 정리해 보아요!

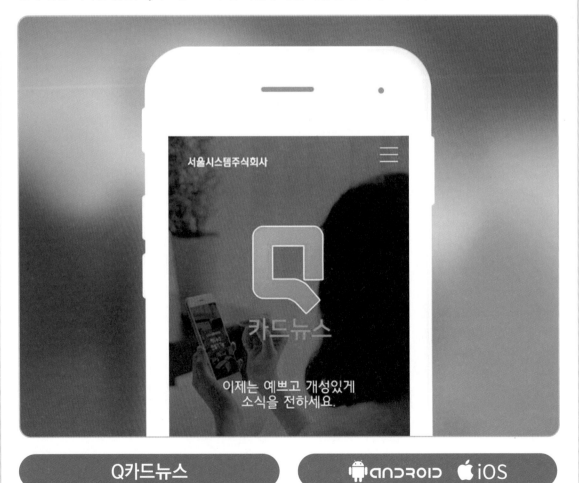

| Q카드뉴스 | ANDROID ✿iOS |

Q카드뉴스는 비회원도 카드뉴스를 만들고 저장할 수 있어요. **만들기**를 클릭해 주세요.

테마별로 다양한 템플릿이 있어요. 원하는 템플릿을 선택해 주세요.

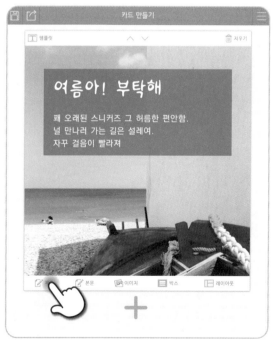

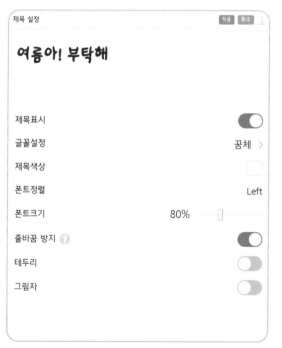

제목, 본문, 이미지, 박스, 레이아웃을 수정할 수 있어요. **제목**을 클릭해 주세요.

제목 설정에서 글꼴, 색상, 폰트 정렬, 폰트 크기, 테두리, 그림자 등을 설정할 수 있어요.

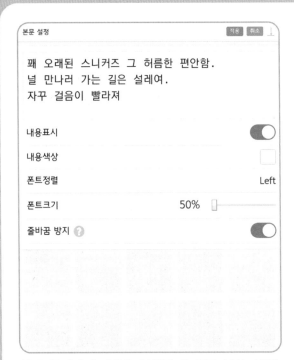

본문 **설정**에서 내용을 입력한 후 폰트 색상, 정렬, 폰트 크기를 설정할 수 있어요.

배경설정에서 색상 변경, MY갤러리에 있는 내 사진 또는 Q카드뉴스에서 제공하는 배경을 선택할 수 있어요.

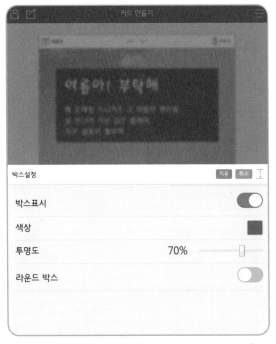

박스설정에서 박스 표시 여부, 색상, 투명도, 라운드 박스 여부를 선택할 수 있어요.

레이아웃 바꾸기에서 **기본 레이아웃** 중 원하는 레이아웃을 선택할 수 있어요.

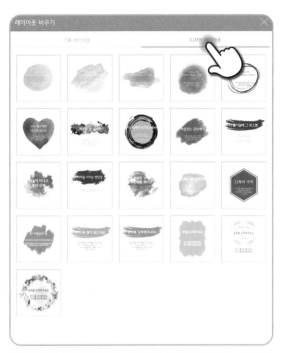

레이아웃 바꾸기에서 **디자인 레이아웃** 중 원하는 레이아웃을 선택할 수 있어요.

+를 클릭하면 동일한 페이지를 최대 5장까지 추가할 수 있어요. 페이지마다 다른 템플릿을 적용할 수 있어요.

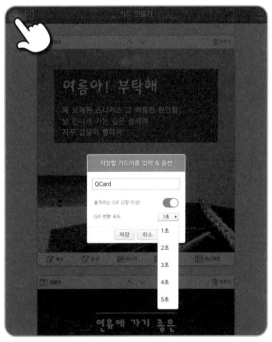

왼쪽 위의 **저장** 버튼 📷 을 클릭하면 이미지 또는 속도를 설정할 수 있는 GIF로 저장할 수 있어요.

공유 버튼 📷 을 클릭하면 카카오 스토리에 공유할 수 있어요.

디지털 카드를 쉽고 빠르게, Q카드뉴스!

수업 내용을 Q카드뉴스로 정리하기

1 수업 내용을 요약 정리할 Q카드뉴스를 만들어 배경 이미지와 원하는 컬러를 선택하세요.

배경설정 적용 취소 ⊥

배경색상	
사진표시	🔵
MY갤러리	📷

기본사진첩

2 제목을 작성한 후 색상, 폰트 크기를 설정해 주세요.

제목 설정 적용 취소 ⊥

오늘의 체육인 테리폭스

제목표시	🔵
글꼴설정	견출고딕 >
제목색상	⬛
폰트정렬	Center
폰트크기	90% ▭
줄바꿈 방지 ❓	🔵
테두리	⚪
그림자	⚪

3 수업시간에 배운 내용을 Q카드뉴스로 정리해요.

오늘의 체육인 테리폭스

40년전 의족을 달고 캐나다 횡단한 마라토너
1981년부터 열리고 있는 테리 폭스 추모 마라톤
18세때 암으로 오른쪽 다리를 절단한 테리폭스
암환자의 고통을 사람들에게 알리고, 암환자들을
위한 기금을 마련하기 위해 의족을 단 채 캐나다
횡단했다."내 달리기가 헛되지 않아서 행복하다"
라는 말을 남기고 1981년 숨을 거둔 테리폭스

4 영어 시간에 배운 내용도 정리하고요.

이번주 복습 단어 문장

단어
dear 친애하는, 그리운
swim 수영하다.
will ~할것이다.
grade 학년, 등급
each other 서로

문장
A herd of gazelles look food.
Black rhinos roll around in the mud
Giraffes eat leaves from tall trees.
It is beautiful in Africa.
Jung Woo is excited to write to Luke.

198 · 스마트한 원격수업

'비주얼씽킹'이라고 들어보셨을 거예요. 비주얼씽킹이란, 그림과 글을 이용해 생각을 시각적으로 표현하는 것을 말해요. 이렇게 하면 기억에 오래 남기 때문이죠. 오늘 배운 내용을 시각적으로 정리하면 더 기억에 오래 남을 거예요. Q카드뉴스로 수업 내용을 정리하면 나만의 e지식카드를 만들 수 있어요. 과목별 e지식카드를 만들어 놓으면 복습할 때도 참 좋겠죠?

Q카드뉴스를 이용하여 수업 시간에 배운 내용을 e지식카드로 정리해 볼까요?

5 통일신라시대 번성했던 서라벌에 대해서 정리해 보세요.

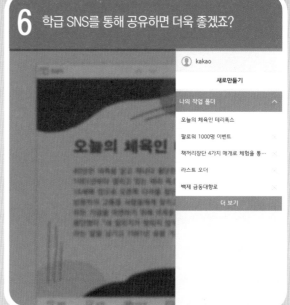

6 학급 SNS를 통해 공유하면 더욱 좋겠죠?

Teaching 꿀팁!

1. 수업 마무리 시에 기록할 수 있도록 지도해 주세요.
2. 과목별 요약 내용과 핵심 내용을 정리할 수 있도록 지도해 주세요.
3. 직접 그린 그림이나 촬영한 사진을 배경 이미지로 사용할 수 있어요.
4. 퀴즈 미션 카드와 단어장으로도 사용할 수 있어요.
5. 움직이는 GIF 애니메이션 카드로도 만들 수 있어요.
6. 패들렛, 클래스룸 등의 학급 클라우드에 공유하면서 학급 친구들과 함께 공부할 수 있어요.

PART 2
분석 및 탐구 활동을 위한 모바일 웹 & 앱

datalab

google trends

Google Arts & Culture

모야모

Miro

miMind

Google 프레젠테이션

Google 드라이브

Padlet

Mentimeter

iVCam

scrcpy

한눈에 트렌드를 볼 수 있는 도구, 네이버 데이터랩!

대한민국 사람은 네이버를 많이 이용하죠. 네이버 데이터랩은 급상승 검색어, 검색어 트렌드, 쇼핑 인사이트, 지역 통계, 댓글 통계를 제공해 주는 무료 사이트에요. 데이터랩의 빅데이터를 보면, 지역별, 나이별, 성별 관심사도 확인할 수 있고, 기간별 관심사도 알 수 있어요. 지난 트렌드를 알려 주면서 앞으로의 트렌드를 예측하는 데도 도움을 주지요. 트렌드를 분석하다 보면 세상의 흐름을 알 수 있고, 정보의 사실 여부를 확인하는 데도 도움이 된답니다.

그럼 한눈에 트렌드를 볼 수 있는 빅데이터 분석 도구, 네이버 데이터랩에 관해 알아보아요.

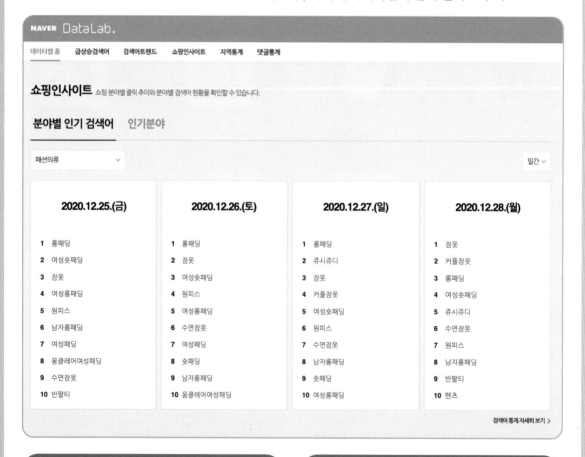

datalab.naver.com

 Chrome Browser

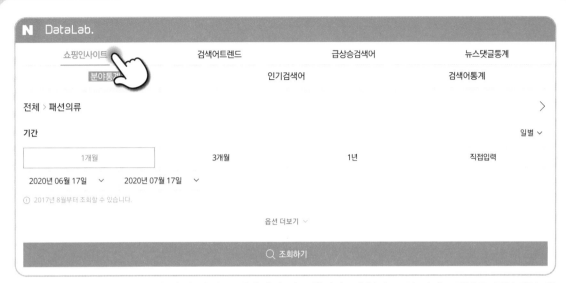

쇼핑인사이트는 네이버 쇼핑 검색 키워드 빅데이터 자료입니다. 네이버 쇼핑 카테고리별로 구분되어 있어요. 카테고리를 선택하면 쇼핑 분야별 통계와 인기 검색어, 검색어 통계를 확인할 수 있어요.

검색어트렌드는 가장 많이 활용되는 메뉴입니다. 주제어는 5개까지 추가할 수 있고, 주제어마다 최대 20개까지 하위 주제어를 입력할 수 있어요. '방탄소년단'의 경우 '방탄소년단'이라고 검색할 수 있지만 'BTS'라고 검색할 수도 있겠지요? 이렇게 같은 의미 다른 단어일 경우 하위 주제어로 입력하면 됩니다. 기간도 선택할 수 있고요. **옵션 더보기**를 클릭하면 접속 기기 범위, 성별, 나이를 선택할 수 있어요.

N DataLab.

쇼핑인사이트	검색어트렌드	급상승검색어	뉴스댓글통계

네이버통합검색에서 검색어가 얼마나 조회되었는지 확인할 수 있습니다.

주제어 입력

임영웅	×	제5주제어 입력	×
영탁	×	제5주제어 입력	×
이찬원	×	제5주제어 입력	×
김호중	×	제5주제어 입력	×
정동원	×	제5주제어 입력	×

기간   일별 ∨

| 전체 | 1개월 | 3개월 | 1년 | 직접입력 |

2019년 7월 17일 ∨   2020년 7월 17일 ∨

ⓘ 2016년 1월 이후 조회할 수 있습니다.

옵션 더보기

'미스터트롯' 방송 프로그램의 가수들을 검색해 볼게요. 가수들의 이름을 주제어에 입력한 후 기간을 1년으로 선택하세요. 추가 옵션을 설정하려면 아래의 **옵션 더보기**를 클릭하세요.

기간   일별 ∨

| 전체 | 1개월 | 3개월 | 1년 | 직접입력 |

2019년 7월 17일 ∨   2020년 7월 17일 ∨

ⓘ 2016년 1월 이후 조회할 수 있습니다.

범위
✓ 합계   ✓ 모바일   ✓ PC

성별
✓ 전체   ✓ 여성   ✓ 남성

나이선택   ＋ 전체해제

＋ ~12	＋ 13~18	＋ 19~24	＋ 25~29
＋ 30~34	＋ 35~39	＋ 40~44	＋ 45~49
＋ 50~54	＋ 55~60	＋ 60~	

접기 ∧

↻ 초기화   🔍 조회하기

범위, 성별, 나이를 전체로 두고 **조회하기**를 클릭하세요.

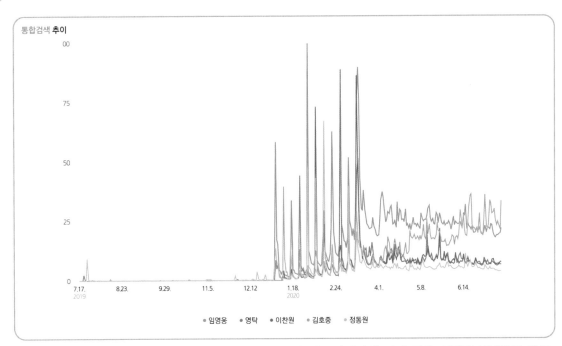

가수들의 1년간 검색량을 그래프로 볼 수 있어요. 그래프는 검색량이 가장 많은 시점을 '100'으로 하고, 이를 기준으로 한 백분율 그래프에요. 그래프의 특정 지점을 클릭하면 날짜와 검색량도 볼 수 있어요.

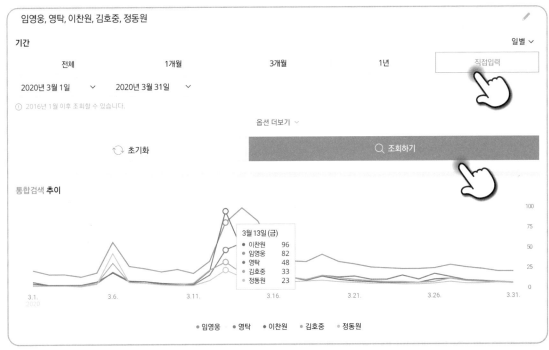

검색량이 없는 부분을 제외하거나 많은 부분을 알아보기 위해 검색 기간을 수정할 수 있어요. 그래프를 좀 더 자세히 살펴볼 수 있어요.

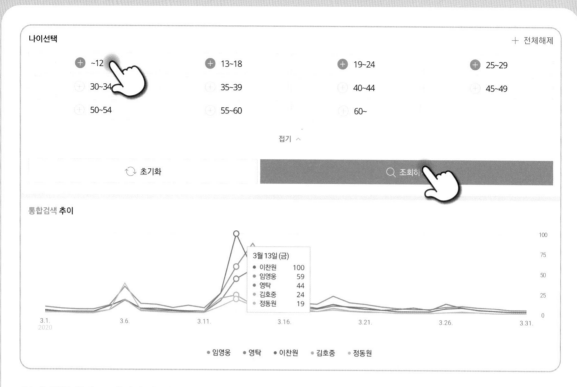

이제 연령대별로 검색량이 어떻게 다른지 알아볼까요? 옵션 더보기에서 10대, 20대까지 체크하고 **조회하기**를 누릅니다. 3월 13일에 '이찬원'이 100이고, '임영웅'이 59네요.

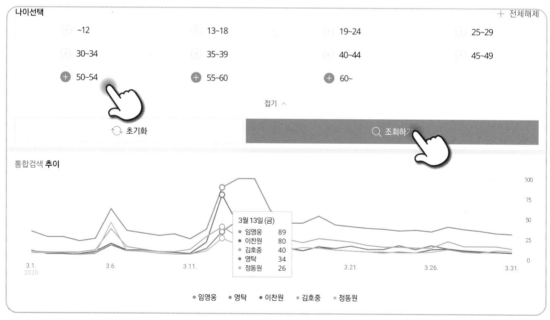

이번엔 50대 이상을 체크하고 **조회하기**를 누르세요. 같은 날짜에 '임영웅'이 89이고, '이찬원'이 80입니다. 연령대별로 주제어에 대한 검색량이 다른 것을 알 수 있어요.

네이버 데이터랩에서 특정 날짜의 그래프가 급변하는 이유는 어떻게 알 수 있을까요? 네이버 메인에서 해당 날짜의 뉴스를 검색하면 됩니다. 검색어를 입력한 후 오른쪽의 **더보기**를 클릭하세요.

검색옵션을 선택하세요.

기간에 해당 날짜를 입력하면 주제어의 이슈를 알 수 있어요.

Teaching 꿀팁!

COVID-19와 인터넷 게임과의 관계, 청소년 자살과 악플과의 관계 등 청소년들이 관심을 가져야 할 주제들을 네이버 데이터랩을 이용하여 찾아보고 분석 및 발표하는 활동도 할 수 있어요.

전 세계 트렌드 빅데이터 분석 도구, 구글 트렌드!

대한민국이 네이버라면, 세계는 구글이죠. 구글은 세계 검색량의 90% 이상을 차지하고 있기 때문에 구글 트렌드는 세계인의 트렌드를 가장 정확히 파악할 수 있는 도구예요. 국가별 트렌드를 확인할 수 있고, 지역별 비교 분석도 가능해요. 구글 트렌드를 잘 살펴보면 국가별, 시도별 관심사를 알 수 있고, 무엇 때문에 관심이 증가했는지 유추해볼 수 있어요. 하지만 빅데이터 시스템은 만능이 아닙니다. 객관적인 검색 결과를 분석하여 트렌드를 알 수 있지만, 인간의 다양성을 모두 분석할 순 없어요. 따라서 다양한 데이터 비교가 필요합니다. 국내를 조사할 때는 네이버 데이터랩과 비교하면서 분석해 보는 것도 좋겠죠?

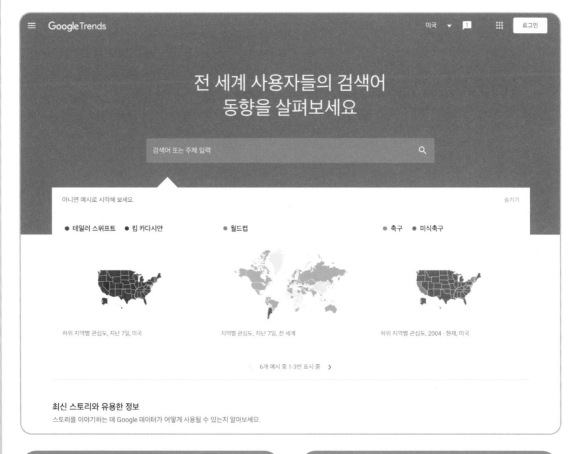

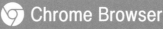

Google 트렌드에서 전 세계 트렌드를 알아보기 위해 한류스타인 방탄소년단을 검색해 볼게요.

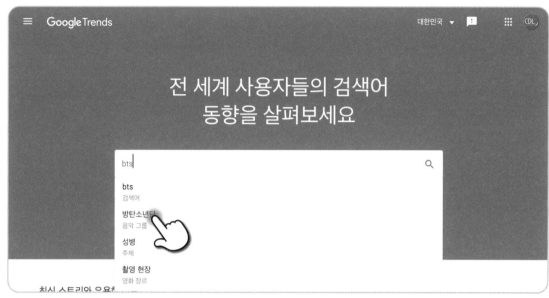

전 세계 데이터를 보려면 공식적인 이름으로 검색해야 해요. 'BTS'를 입력하고 '방탄소년단 음악그룹'으로 카테고리를 포함한 검색어를 선택하세요.

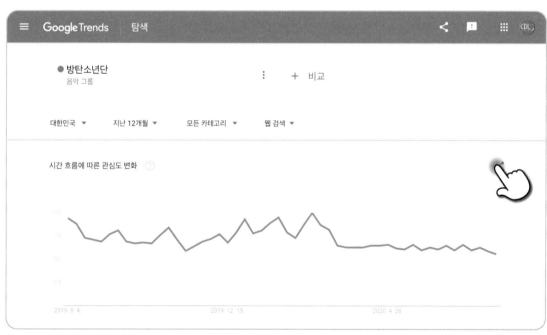

대한민국에서 지난 12개월 동안 시간 흐름에 따른 관심도 변화를 그래프로 볼 수 있어요. 수치는 검색 빈도가 가장 높은 경우를 '100'으로 하여 백분율로 표시됩니다. 그래프 오른쪽 상단의 **공유**를 클릭하면 결과를 공유할 수 있어요.

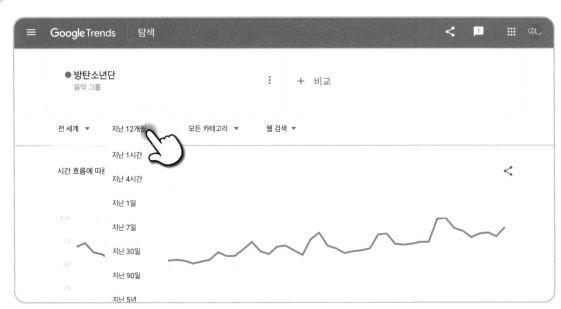

검색 지역을 전 세계 또는 국가별로 선택할 수 있어요. 검색 기간을 선택할 수 있고, 맞춤 기간으로 지정할 수도 있어요.

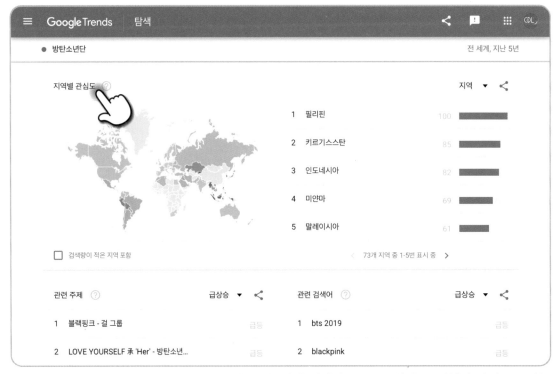

화면을 아래로 내리면 지역별 관심도와 관련 주제, 관련 검색어를 볼 수 있어요. 지역별 관심도 수치는 국가별 색의 진하기로 표시되어 있어요. 국가명을 클릭하면 해당 국가의 도시별 수치와 순위 정보를 보여줘요. 관련 주제와 관련 검색어의 급상승 순위, 인기도의 순위와 수치도 확인할 수 있어요.

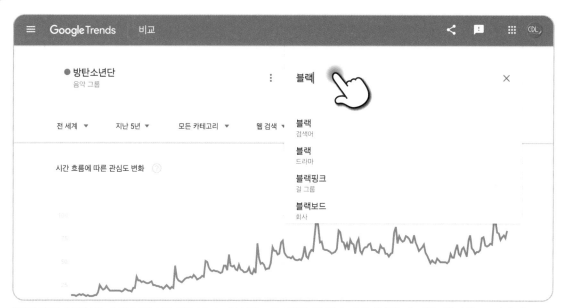

검색어를 여러 개 추가하여 비교해 볼 수 있어요. 또 다른 한류스타인 '블랙핑크'를 입력하고 검색어 목록에서 '블랙핑크 걸 그룹'을 선택하세요.

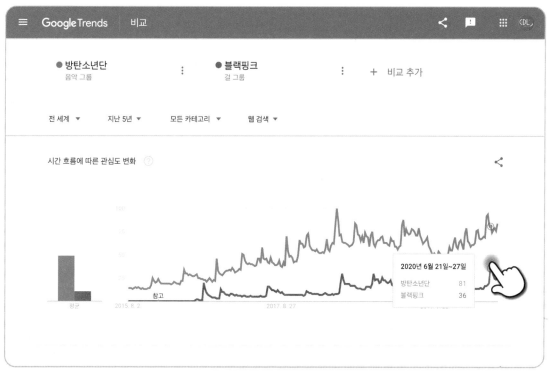

전 세계에서 지난 5년간 '방탄소년단'과 '블랙핑크'의 검색량 그래프를 비교해 볼 수 있어요. 그래프 기울기가 비슷하게 움직이는 것을 볼 수 있어요. 서로 영향을 주고 있다는 증거이지요. 그래프의 특정 지점을 터치하면 해당 기간의 검색량을 보여줍니다.

두 한류스타의 지역별 관심도를 살펴볼까요? 방탄소년단은 파키스탄에서 관심이 높고, 블랙핑크는 태국에서 관심이 높아요. 국가명을 클릭하면 해당 국가의 도시별 수치와 순위를 확인할 수 있어요.

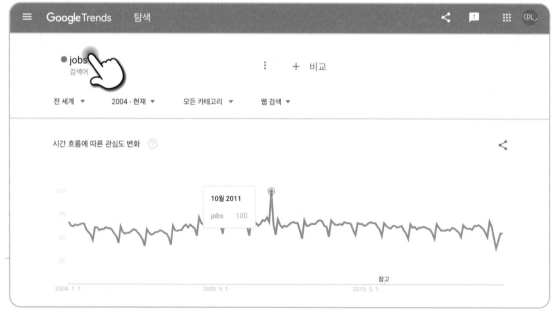

카테고리에 따른 검색 결과의 차이를 알아보기 위해 'jobs'를 검색해 볼게요. 12월에는 구직활동이 적고 1월에는 활발하다는 것을 알 수 있어요. 2011년 10월에 수치가 유난히 높은 이유는 스티브 잡스가 사망했기 때문이에요. 이 사실을 알지 못하면 그래프를 잘못 분석할 수 있어요.

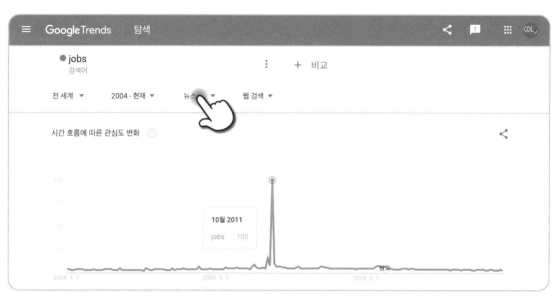

카테고리를 '뉴스'로 변경하면 구직 활동의 패턴은 사라지고 스티브 잡스의 사망에 대한 뉴스 검색 수치가 명확하게 보여요.

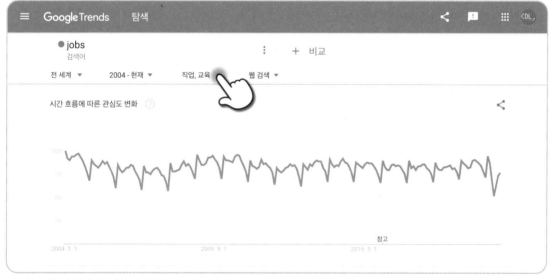

카테고리를 '직업, 교육'으로 변경하면 스티브 잡스의 사망에 대한 수치는 보이지 않아요.

Teaching 꿀팁!

사용자들의 검색 결과를 바탕으로 한 빅데이터는 포털 사이트 자동 검색어 완성 기능, 추천 검색어 등에 영향을 미칩니다. 포털 사이트에서 키워드를 검색할 때 나타나는 자동 검색어 완성 기능에 관해서도 설명해 주세요.

내 손 안의 미술관, 구글 아트 앤 컬쳐!

구글 아트 앤 컬쳐는 사실상 전 세계에서 가장 큰 미술관이자 박물관이에요. 전 세계 주요 미술관, 박물관과 협약을 맺고, 초고해상도 아트 카메라로 작품을 촬영하여 온라인으로 전시하고 있어요. 직접 가 보지 않아도 온라인으로 전 세계 주요 미술관과 박물관을 가 볼 수 있고, VR, AR로 작품을 감상할 수도 있어요. 셀카 사진을 찍으면 인공지능이 전 세계 미술 작품 중 나와 닮은 초상화를 찾아 주기도 해요. 예로부터 문화 예술은 부유한 사람들만의 전유물이었어요. 보통 사람에게는 즐길 기회도 주어지지 않았고, 먹고 사느라 바빠서 즐길 수도 없었죠. 온라인상에서 예술을 무료로 즐길 수 있다는 건 예술의 민주화가 찾아온 것 아닐까요?

출처: 구글 아트 앤 컬쳐 이응노 미술관

Google Art & Culture

 iOS

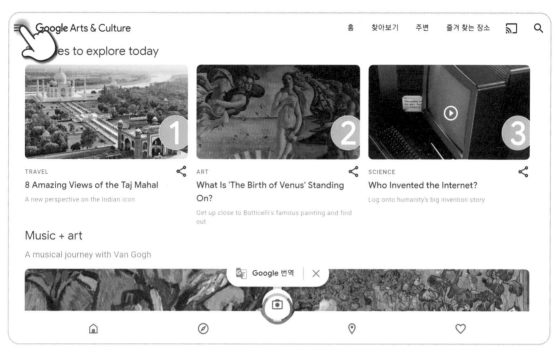

구글 아트 앤 컬쳐에서는 다양한 주제의 디지털 전시회를 볼 수 있어요. 검색 아이콘을 클릭하면 작품명이나 작가를 검색해서 직접 찾아볼 수 있지요. 우선 메뉴부터 설명할게요. 왼쪽 위의 햄버거 메뉴를 클릭하세요.

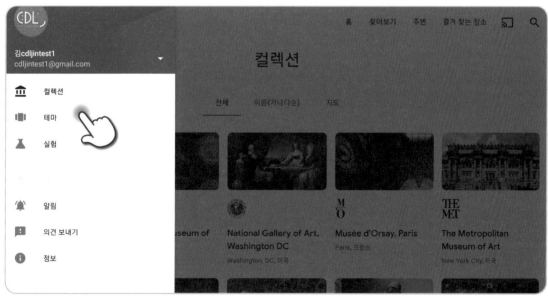

컬렉션, 테마, 실험에서 다양한 작품을 볼 수 있어요. **컬렉션**에서는 이름과 지도로 디지털 전시회를 구분하여 찾아볼 수 있어요. **테마**에서는 역사, 인물, 장소, 자연 등 다양한 주제의 콘텐츠를 모아 두었어요. **Google 번역**을 클릭하면 한국어로 번역할 수 있어요. **실험**은 구글 실험 사이트로 이동하여 예술 작품과 관련된 다양한 실험을 체험할 수 있어요.

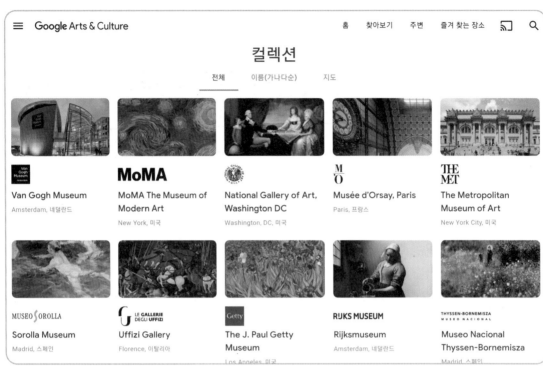

이름 순으로 나열된 컬렉션입니다.

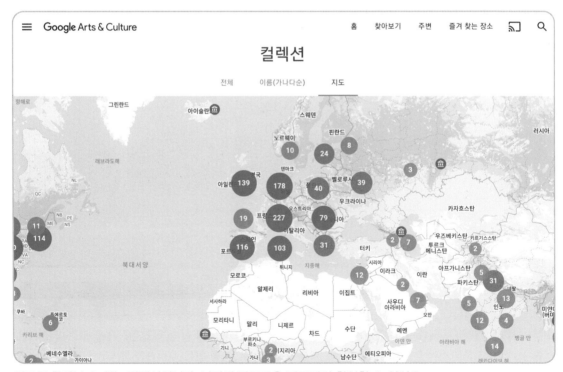

지도로 찾아볼 수 있는 컬렉션입니다. 나라별 작품들을 지도에서 확인할 수 있어요.

테마에서는 역사, 인물, 장소, 자연 등 다양한 주제의 콘텐츠를 모아 두었어요. Google 번역을 클릭하면 한국어로 번역할 수 있어요.

이응노 작가 테마를 선택하면 작가 소개와 대표작, 시대별 작품과 함께 학습 지도안도 제공해요. (사)디지털 리터러시교육협회에서는 한국 최초로 구글 아트 앤 컬쳐와 협업하여 이응노 작가의 작품을 활용한 학습지도 안을 게시하였어요.

실험에는 퍼즐 맞추기, 그림 맞추기, 작품 색칠하기 등 다양한 활동이 있지요. **Puzzle Party**를 클릭하세요.

퍼즐 작품을 선택해 보세요.

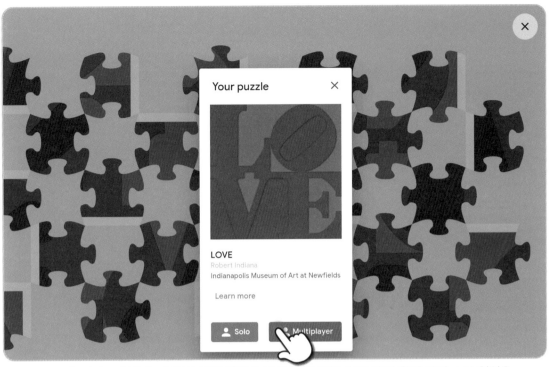

완성된 작품을 미리 보여줘요. 혼자서 퍼즐 게임을 즐길 수도 있고 여러 명이 함께 즐길 수도 있어요.

퍼즐을 맞춰 봅니다. 퍼즐이 완성되면 작품을 확인해요. 그림을 클릭하면 구글 아트 앤 컬쳐에서 감상할 수 있어요.

아래 6개의 그림을 두 종류로 구분하는 퀴즈에요.

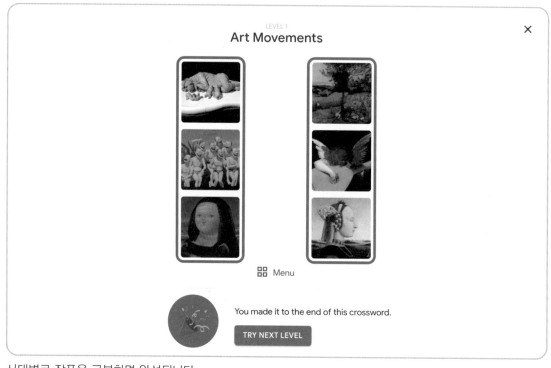

시대별로 작품을 구분하면 완성됩니다.

검색창에서 '코리안 헤리티지'를 검색하세요. 2018년 오픈된 코리안 헤리티지에는 9개의 기관이 참여하여 한국을 알릴 수 있는 중요한 문화재와 작품을 전시하고 있답니다.

국립고궁박물관을 선택하면 박물관에 있는 작품과 스토리를 감상할 수 있어요.

박물관 뷰에서 방문하고 싶은 장소를 선택하면 로드뷰로 볼 수 있어요.

로드뷰는 직접 가 보지 않아도 박물관을 둘러볼 수 있어요. 화살표를 누르면 카메라가 이동하여 보여줘요.

이번에는 '샤갈'로 검색하여 마르크 샤갈의 작품을 찾아보세요.

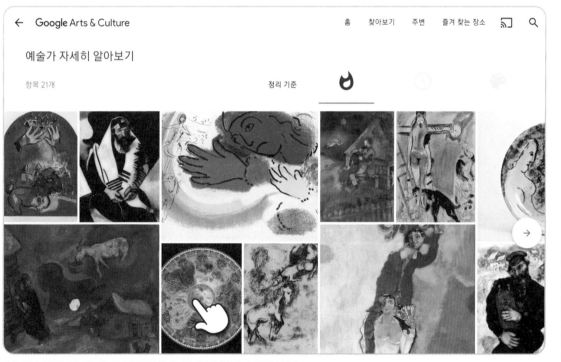

샤갈의 작품 중 파리 오페라하우스의 천장화를 선택하세요.

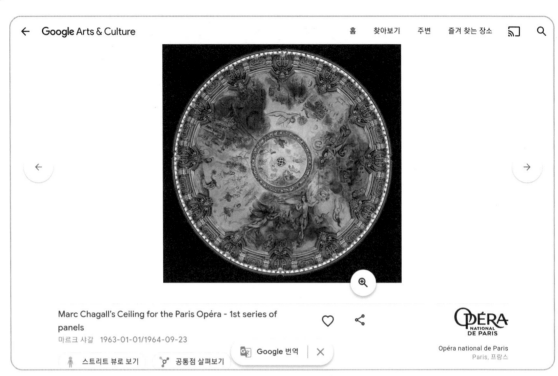

구글 아트 앤 컬쳐에 전시된 작품들은 기가픽셀의 고해상도로 재현된 것으로, 섬세한 붓 터치까지 생생하게 감상할 수 있어요. 작품을 확대하여 기가픽셀로 감상해 보세요.

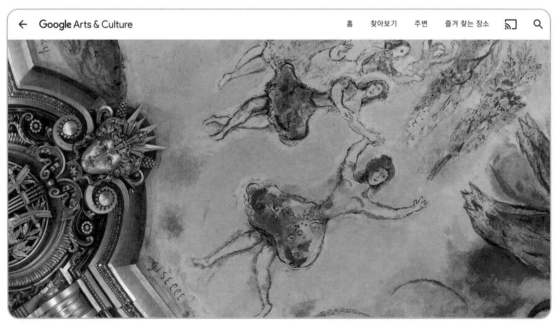

샤갈은 천장화에 여러 작곡가와 작품을 상징하는 그림을 그렸다고 해요. 작품을 확대해보면 그림과 함께 남겨 둔 글씨도 찾을 수 있어요. 아래에 'giselle'이라고 쓰인 글자가 선명하게 보이네요.

'나의 갤러리 만들기'로 큐레이션할 수도 있는데요. 모네의 작품으로 들어가 볼게요.

모네의 작품들을 시간 순으로 정렬하여 미술 교과서에 나오는 '건초더미' 작품을 찾아보세요.

하트 아이콘을 누르면 즐겨찾기에 작품을 저장할 수 있고, **공유**를 누르면 링크를 공유할 수 있어요.

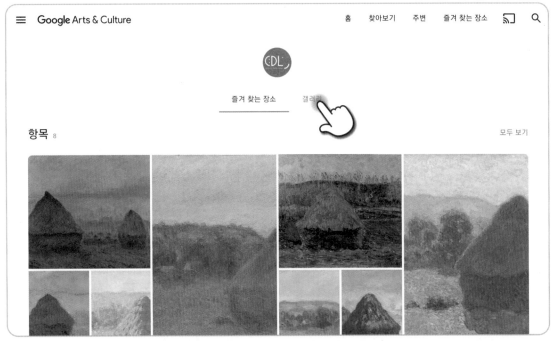

위쪽의 즐겨 찾는 장소를 선택하면 작품이 저장된 것을 확인할 수 있어요. 갤러리에 저장하려면 갤러리를 선택하세요.

갤러리 만들기를 클릭하세요.

작품을 선택한 후 오른쪽 위의 **계속**을 클릭하세요.

갤러리의 제목과 설명을 입력한 후 공개 여부를 선택하세요. 작품을 추가하려면 오른쪽 위에 있는 + 버튼을
클릭해요. 설정이 완료되면 **완료** 버튼을 누르고 갤러리에서 작품을 확인해 보세요.

갤러리를 삭제, 수정, 공유할 수도 있어요. 특히 갤러리를 공유하면 주제에 맞는 여러 작품을 모아 함께 감상할 수 있어요.

실제 크기의 작품을 AR로 감상하려면 **증강현실로 보기**를 선택하세요.

카메라에 전시할 바닥을 인식하고 작품을 드래그하세요. 작품이 바로 앞에 있는 것처럼 보입니다.

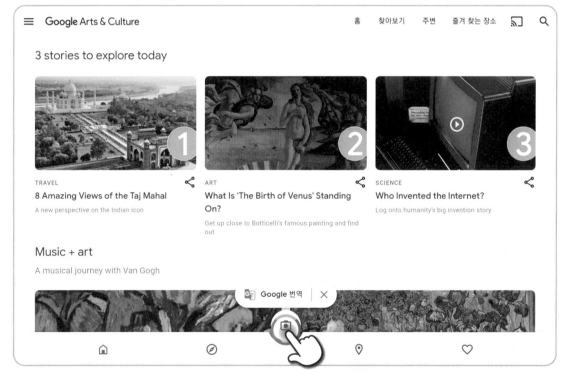

구글 아트 앤 컬쳐에서는 카메라를 활용하여 예술 작품을 실제 크기로 감상할 수 있어요. 단, AR의 지원이 가능한 기기에서만 이 기능을 이용할 수 있어요. **카메라** 버튼을 눌러 직접 체험해 보세요.

Art Transfer를 선택하세요. 카메라로 사진을 찍고 아래의 그림을 골라 적용하면 멋진 작품이 됩니다.

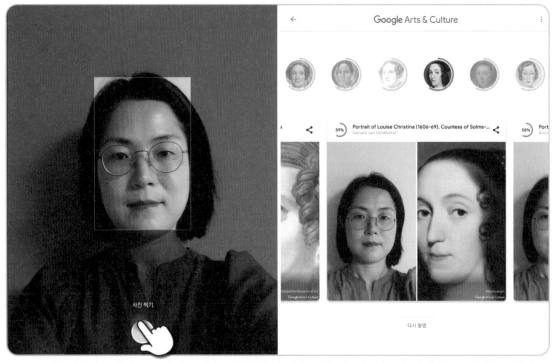

Art Selfie를 선택하면 셀카로 나와 닮은 예술 작품을 찾아 줘요. 마음에 드는 작품을 감상하고, 공유할 수 있어요.

Art Projector는 증강현실로 보기와 마찬가지로 예술 작품을 실제 크기로 감상할 수 있어요. 이외에 증강현실 가상 갤러리를 만들어 주는 **Poket Gallery**, 사진에서 추출한 색상과 같은 색상의 예술 작품을 찾아 주는 **Color Palette**가 있어요.

Teaching 꿀팁!

미국행동과학연구소(NTL)에서 발표한 학습 피라미드 모델에 따르면, 평균 기억률이 듣는 교육은 5%, 듣고 보기는 20%, 토의는 50%, 가르치기는 90%가 된다고 합니다. 구글 아트 앤 컬쳐를 이용하여 듣고 보기, 토의, 조사, 발표까지 하게 되면 교육의 효과를 극대화할 수 있겠죠. 구글 아트 앤 컬쳐는 미술 공부와 예술적 안목을 키우는 교육에도 도움이 되지만, 세계사, 과학, 음악, 수학, 국어 등 다양한 교과와 융합할 수 있는 도구이기도 해요. 구글 아트 앤 컬쳐에 있는 재료별 작품을 시대와 지역별로 구분해보면서 역사와 과학을 융합한 수업을 진행해 볼 수 있고, 유화 작품을 기가픽셀로 감상해 보면서 시대별로 작가들이 오른손잡이가 많은지, 왼손잡이가 많은지 통계를 내 볼 수도 있고, 지역별로 작가들이 어떤 색상을 많이 썼는지도 비교해 보면서 문화와의 관계를 따져 볼 수도 있어요. 특별한 작품의 경우, 작품 속에 담긴 이야기를 조사하여 동화책으로 제작해 볼 수도 있어요. 이응노 미술관이 2020년에 새롭게 추가되었는데, 카테고리 아래에 있는 '선생님이신가요?' 코너에서 학습 지도안을 다운로드할 수 있습니다. 디지털 도구를 활용한 문화예술 교육에 사용할 수 있을 거예요.

내 손안의 식물 백과사전, 모야모!

길을 가다 예쁜 꽃을 보고 이름이 뭔지 궁금한 적이 있지 않나요? 모야모는 스마트폰으로 사진을 찍어 올리기만 하면 식물 이름을 알려 주는 앱이에요. 115만 유저와 식물 전문가들이 집단지성을 이용해 실시간 답변을 통해 식물에 관한 궁금증을 해결해 주는 커뮤니티지요. 네이버 스마트렌즈를 이용해도 되지만, 아직은 인공지능이 알려 줄 수 있는 식물이 제한적인 데다, 쇼핑과 연결되기 때문에 시중에 판매되지 않는 길가의 꽃과 희귀종들에 관한 답을 구하기 힘들어요. 이럴 때 이용할 수 있는 앱이 바로 '모야모'에요. 식물의 이름, 증상, 관리법 등 식물에 관련된 정보를 얻을 수 있어요.

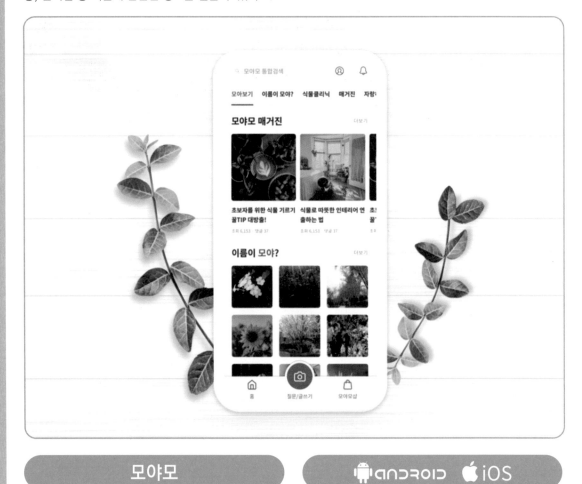

모야모

ANDROID iOS

모야모는 회원 가입이 필요한 앱입니다. 소셜 계정으로 쉽게 회원 가입할 수 있어요. 아래쪽에 있는 **카메라** 버튼을 클릭해 주세요.

지나가다 우연히 발견한 꽃의 이름이 궁금하다면 바로 질문할 수 있어요. 바로 사진을 촬영해 올리거나 앨범에서 선택할 수 있어요.

식물뿐 아니라 집 근처에서 쉽게 만날 수 있는 새들의 이름까지도 실시간에 가깝게 확인할 수 있어요.

질문에 대한 답변이 실시간에 가깝게 올라옵니다. 답변에 대한 감사 답글을 달면 더욱 좋겠지요?

이름이 모야?에서 이미지를 클릭해 다른 사람의 질문에 답변할 수 있어요.

식물클리닉에서는 식물을 키우는 데 필요한 정보를 얻을 수 있어요.

매거진에서는 식물 전문가가 식물에 관해 전하는 다양한 이야기를 매거진 형태로 볼 수 있어요.

자랑하기 메뉴에서는 내가 키우는 식물을 자랑하거나 다른 사람들의 피드백을 받을 수 있어요.

Teaching 꿀팁!

내가 키우는 식물 외의 식물, 이름 모를 식물을 '잡초'라 부르곤 하죠. 사실 그 식물들에게도 이름이 있어요. 학교 주변에 살고 있는 풀과 꽃들에게 이름을 찾아주고, 알아보는 프로젝트를 진행해 보세요. 우리 동네 식물도감을 만들어 보면서 작은 생명의 소중함과 지구 생명의 뿌리는 식물에 있다는 것을 깨닫도록 지도해 주세요. 모야모로 조사한 내용을 북크리에이터를 이용하여 예쁜 식물도감으로 만들어 보고, 패들렛 지도 템플릿을 이용해 식물별 서식지를 표시하면서 식물도감 지도로도 만들어 볼 수 있어요. 고아트를 활용하여 식물을 소재로 미술 작품을 만들 수도 있고, 이비스페인트를 이용하여 디지털 식물 그리기 대회도 해 볼 수 있겠죠.

1+1을 3으로 만들어 주는 온라인 협업 도구, 미로!

미로는 클라우드 기반의 협업 도구예요. 마인드맵 분석, 디지털 포스트잇을 이용한 브레인스토밍에서 프로젝트 일정 관리에 이르기까지 다양한 형태의 템플릿을 이용해 쉽고 빠르게 협업할 수 있게 도와주지요. 회의할 때 화이트보드를 사용할 수 있는데, 하나의 화이트보드에 여러 템플릿을 사용할 수 있고, 포스트잇으로 메모하거나 댓글을 추가할 수 있어요. 21세기 핵심 역량으로 4C(Critical Thinking, Creative, Communication, Collaboration)를 꼽습니다. 비판적 사고와 창의력도 미래에는 집단지성에 의존하게 되므로 미래는 협업이 가장 중요하다고 할 수 있어요. Google Drive의 문서도 추가할 수 있어서 모둠별 협업하기에 아주 유용해요.

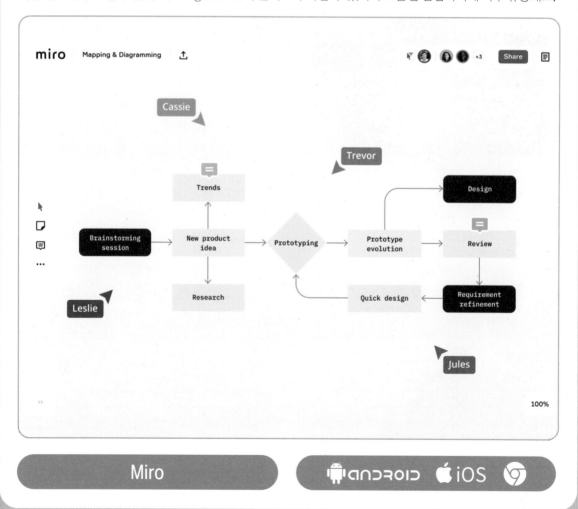

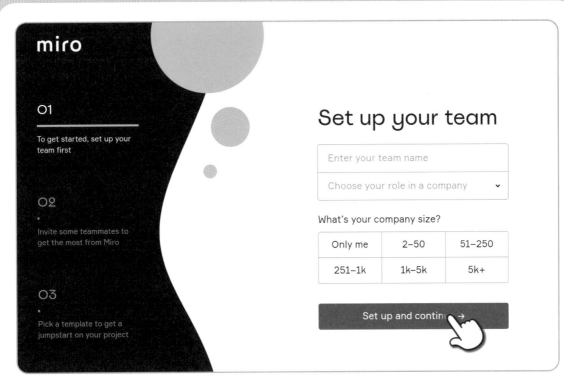

회원 가입 후 **Set up and continue**를 클릭해 주세요. 필요 시 모둠 이름과 역할 등을 입력할 수 있어요.

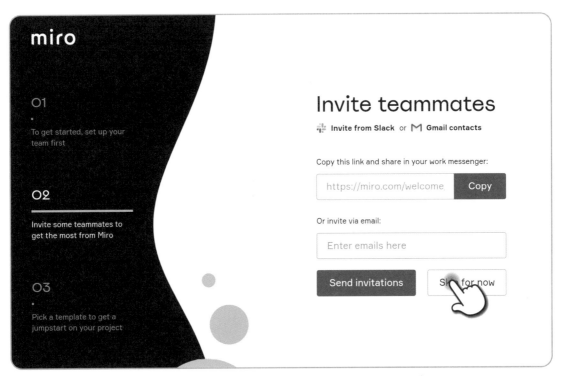

초대장을 보내는 것이 아니라면 **Skip for now**를 클릭해서 이 과정을 생략해 주세요.

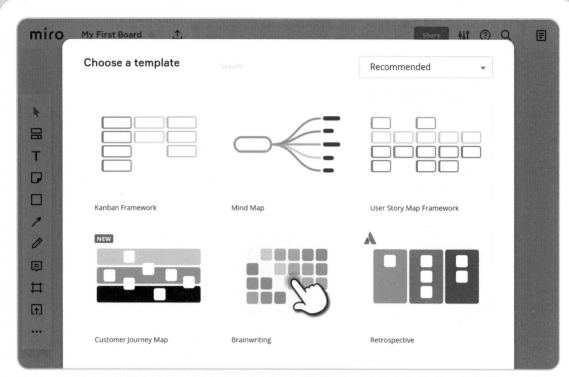

미로는 마인드맵, 브레인스토밍, 플로차트 등 다양한 템플릿을 제공하거나 원하는 템플릿을 구성할 수 있어요. 우선 아이디어 회의에 유용한 **Brainwriting**을 선택할게요.

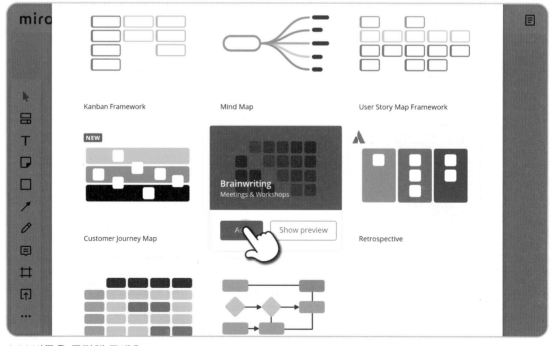

Add 버튼을 클릭해 주세요.

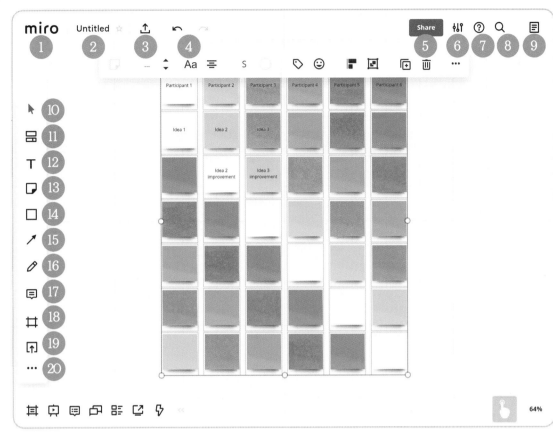

왼쪽 위의 메뉴부터 설명할게요.

① **miro** 앱의 홈으로 이동해요.

② **Untitled** 보드의 제목을 입력해요.

③ **Save** 이미지, PDF 파일 등으로 저장하거나 구글 드라이브에 업로드할 수 있어요.

④ **Undo / Redo** 이전으로 되돌리기하거나 작업을 다시 실행해요.

⑤ **Share** 링크로 공유할 수 있고, 권한을 줄 수 있어요.

⑥ **Settings** 변경 사항 알람, 보드 배경의 Grid 설정 등 부가적인 세팅이 가능해요.

⑦ **Help** miro help center에서 상세한 도움말을 제공해요.

⑧ **Search** 보드의 내용을 검색할 수 있어요.

⑨ **Note** 보드에 대한 메모를 할 수 있어요.

⑩ **Select** 요소를 선택할 수 있어요.

⑪ **Template** 템플릿을 추가할 수 있어요.

⑫ **Text** 텍스트를 입력할 수 있어요. 폰트, 폰트 크기, 색상, 정렬, 링크 추가 등의 편집이 가능해요.

⑬ **Sticky note** 포스트잇에 텍스트를 추가하거나 편집할 수 있어요.

⑭ **Shape** 도형을 추가할 수 있어요.

⑮ **Connection line** 개체와 개체를 연결하는 선 모양을 선택할 수 있어요.

⑯ **Pen** 드로잉을 할 수 있어요. 펜의 두께와 색상을 조절하고 그림을 그릴 수 있어요.

⑰ **Comment** 어디에든 코멘트를 추가할 수 있어요.

⑱ **Frame** 보드의 특정 영역을 다양한 크기의 프레임으로 구분할 수 있어요.

⑲ **Upload** 이미지, 문서 파일, 링크 등을 추가할 수 있어요. 구글 드라이브의 파일도 첨부할 수 있어요.

⑳ **More** 미로와 연동되는 부가적인 앱을 추가할 수 있어요.

Share를 클릭한 후 모둠원에게 보드를 공유하기
위해 메일 주소를 입력해요.

공유 권한을 설정한 후 Send Invitations를 클릭하면
초대된 모둠원이 보드를 볼 수 있어요.

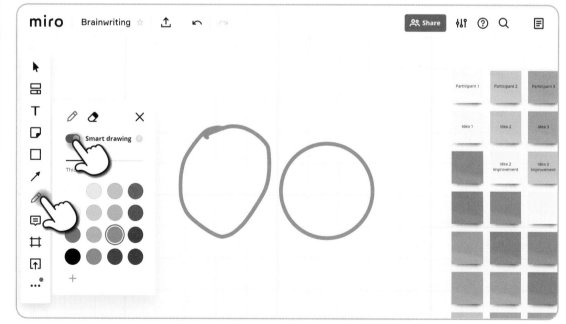

Pen의 **Smart drawing**을 활성화하면 그림을 반듯한 도형으로 변환해 줍니다.

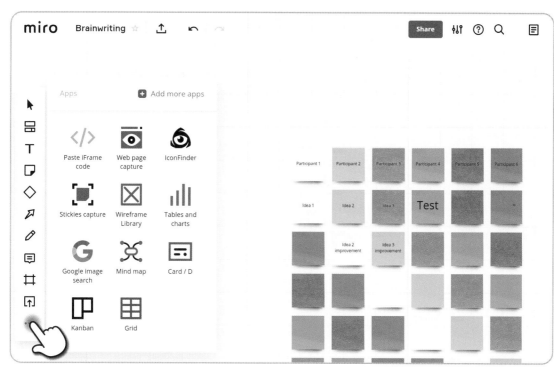

More에서는 miro와 연동되는 앱을 사용할 수 있어요. 웹 페이지 캡처, 아이콘, 테이블 추가 등의 작업이 가능합니다.

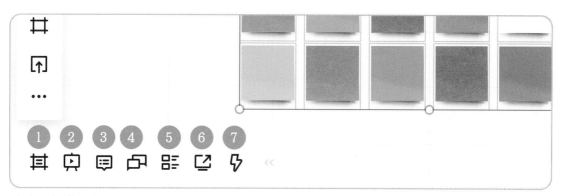

아래쪽에 있는 메뉴예요.

① **Frames** 프레임 리스트를 보여줘요.

② **Presentation mode** 프레임을 순서대로 프레젠테이션 할 수 있어요.

③ **Comments** 코멘트 리스트를 보여줘요.

④ **Chat** 채팅 목록을 보여줘요.

⑤ **Cards** 연동 앱 Card/D에서 작성한 카드 리스트를 보여줘요.

⑥ **Screen sharing** 내 화면을 다른 참여자와 함께 볼 수 있어요.

⑦ **Activity** 작업 히스토리를 보여줘요.

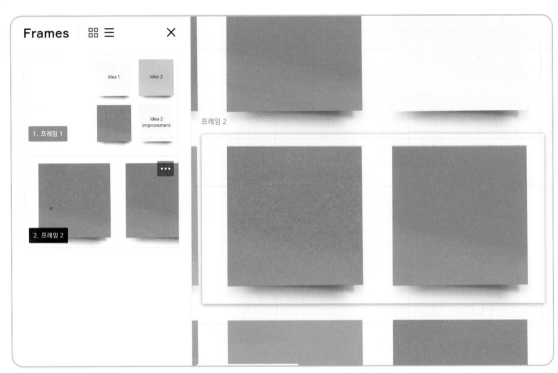

Frames에서 리스트를 볼 수 있어요. 리스트에서 프레임을 선택하면 해당 프레임으로 이동하거나 편집할 수 있어요. 현재 프레임은 전체 프레임에서 몇 번째 프레임인지 확인할 수 있습니다.

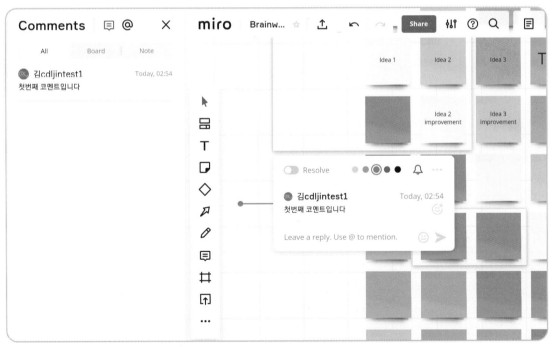

Comments에서 코멘트 리스트를 볼 수 있어요. 리스트에서 선택된 코멘트로 이동하거나 편집할 수 있어요.

Screen sharing은 공동 작업자와 보드의 같은 위치를 볼 수 있어요. 이 화면은 참여자 화면이에요. 발표자가 Screen sharing을 시작하고, 참여자는 **join**을 눌러 참여합니다. 발표자가 화면을 이동하면 참여자의 화면도 이동해요. Screen sharing 화면 아래의 **Unmute microphone**과 **Start video**를 클릭하면 화상 채팅도 가능해요. 하나의 miro 보드에 템플릿이 많은 경우, 특정 작업 부분을 함께 볼 수 있어요.

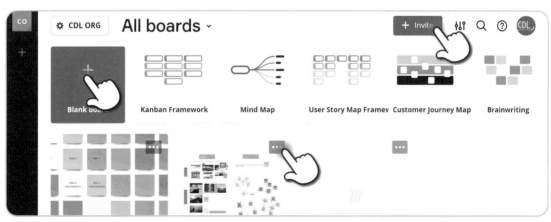

오른쪽 위의 메뉴에서 팀원을 초대하거나, 보드 리스트를 정렬하거나, 계정 정보를 확인 및 설정할 수 있어요. **Blank board**나 템플릿을 추가할 수도 있어요. 보드의 **More**를 클릭하면 공유, 복사, 삭제 등을 할 수 있어요.

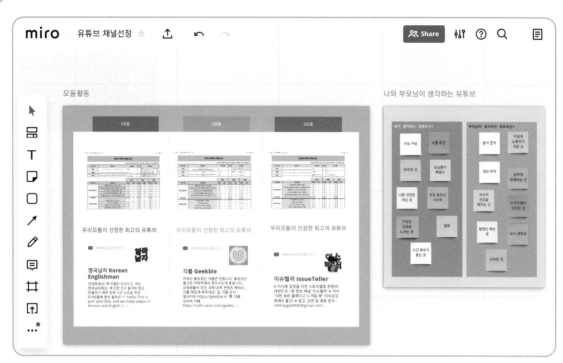

아이들과 함께 유튜브에 대한 생각을 모아 최고와 최악의 유튜브 채널을 선정해 보았어요. 이렇게 미로 보드를 활용하는 방법에 관해 알려 드릴게요.

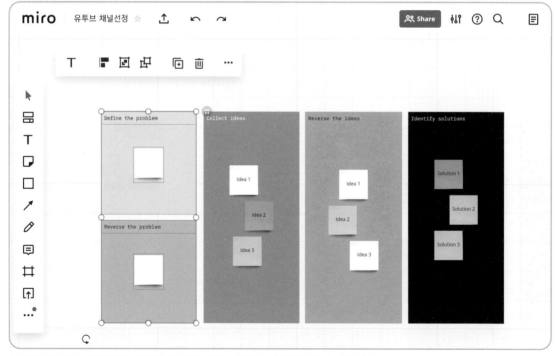

보드를 만들고 템플릿을 선택한 후 필요 없는 영역을 선택하여 삭제하세요.

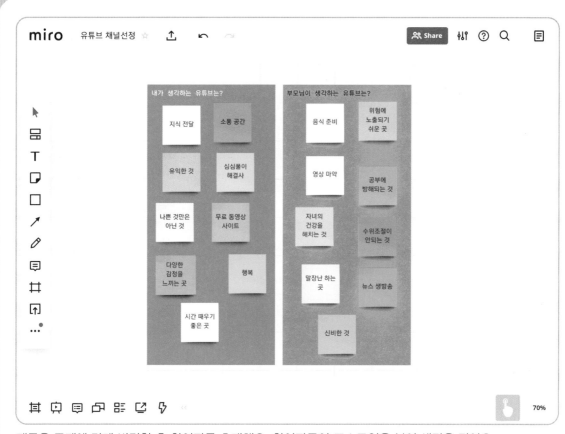

제목을 주제에 맞게 변경한 후 참여자를 초대해요. 참여자들이 포스트잇을 붙여 생각을 적어요.

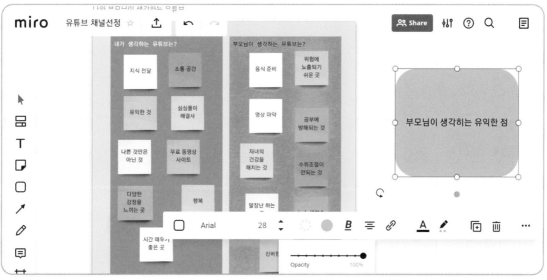

Frame 도구로 완성된 템플릿을 선택해 2개를 하나로 묶어요. 제목을 변경하고 구분하기 쉽게 노란색으로 바꿔 주고요. 포스트잇 옆에 도형을 추가해서 '부모님이 생각하는 유익한 점'으로 만들어요.

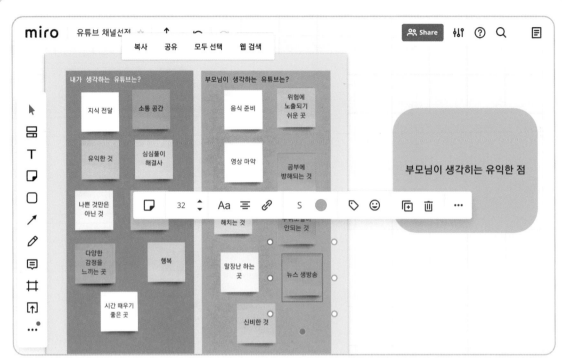

포스트잇 아래의 파란색 점을 드래그하면 도형에 연결할 수 있어요. 화살표의 시작과 끝 모양, 두께, 선 모양, 색상 등의 속성을 변경할 수 있어요.

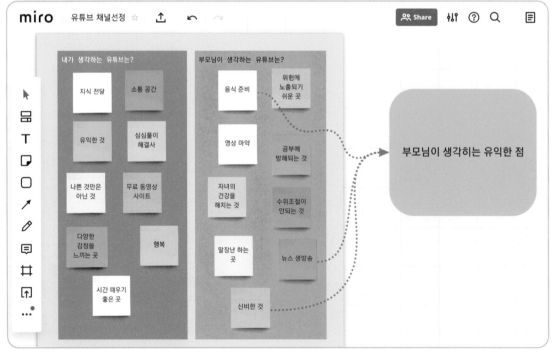

미로 보드는 개체들을 선으로 연결할 수 있어 브레인스토밍이나 마인드맵 작성에 유용해요.

템플릿을 추가하세요. 참고로 미로 보드는 템플릿을 여러 개 추가할 수 있답니다. 모둠별 활동 공간을 구분하기 위해 모둠명을 입력하세요. **Upload**에서 **Google Drive**를 선택해 주세요.

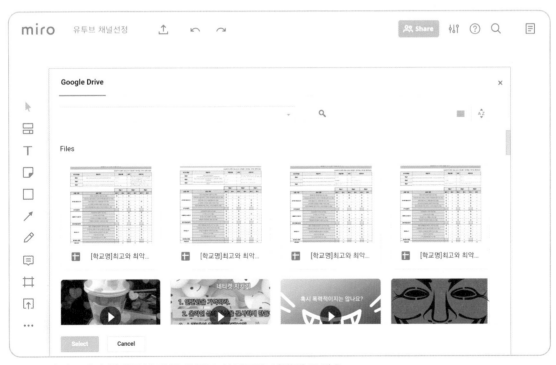

구글 드라이브에서 학생들이 만든 유튜브 심사표를 선택해 주세요.

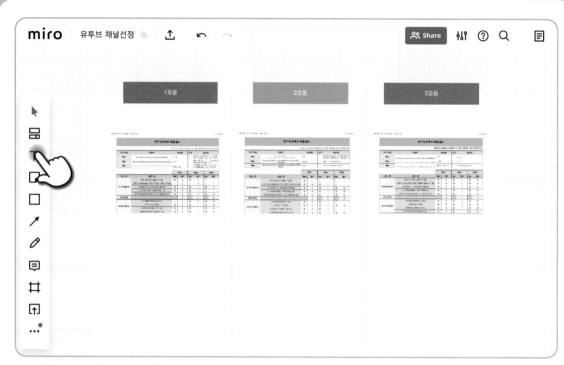

모둠 활동 문서가 업로드되었으면, **Text**에서 텍스트 박스를 추가하여 주제를 텍스트로 입력해요. 텍스트 박스 메뉴에서 폰트, 폰트 크기 등을 변경할 수 있어요.

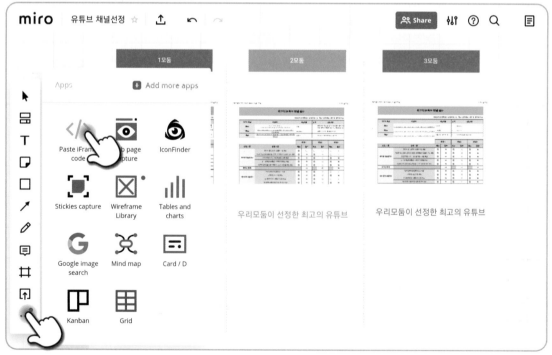

유튜브 링크를 추가해 볼게요. **More**의 **Paste iFrame code**를 선택하세요.

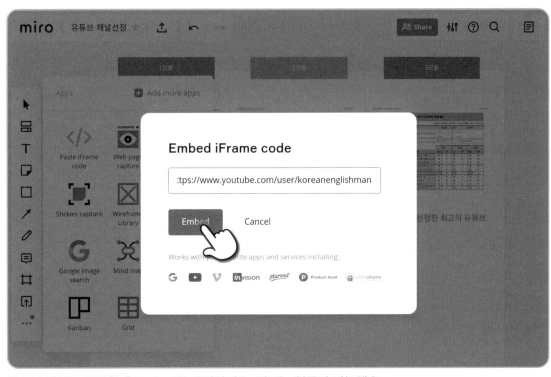

유튜브 링크를 입력한 후 **Embed**를 클릭하세요. 링크는 영문만 가능해요.

유튜브 링크가 추가되었어요.

추가된 유튜브는 복사, 삭제 등을 할 수 있어요. 유튜브 영상을 확인하려면 유튜브를 클릭한 후 위쪽에 나타나는 새창에서 열기 버튼 을 클릭하세요.

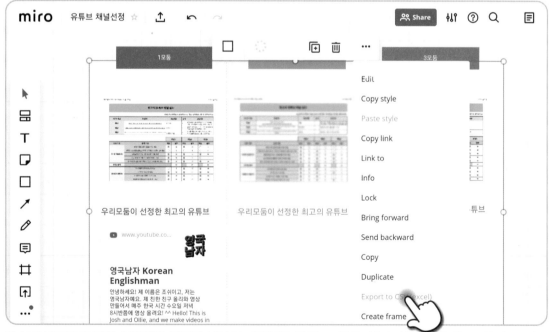

완성된 템플릿을 전체 선택하면 템플릿 내부의 개체들을 정렬, 그룹화, 복사, 삭제 등을 할 수 있어요. 템플릿을 전체 선택하고 **Create frame**으로 묶어 주세요.

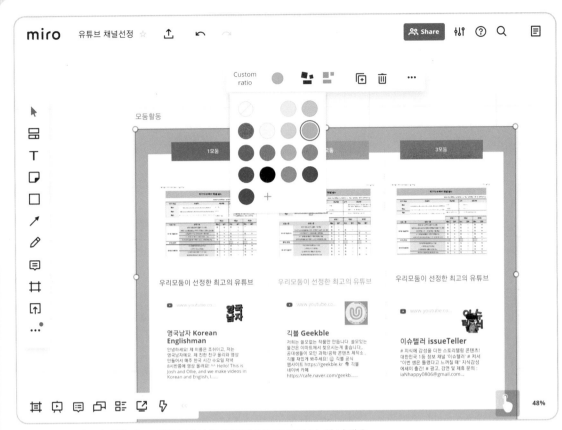

프레임 제목을 변경한 후 프레임 색상을 변경하면 결과물이 완성돼요.

Teaching 꿀팁!

무료 계정의 경우, 보드를 3개까지 만들 수 있어요. 협업은 미래 인재에게 필수적인 역량이기 때문에 어릴 때부터 훈련이 필요해요. 구성원에 대한 존중과 배려는 물론 소통하는 방법과 기술도 익혀야 합니다. 이러한 훈련을 하기에 가장 좋은 도구가 바로 '미로'랍니다. 미로는 다른 도구에 비해 기능이 많아서 사용하기가 조금 어려울 수도 있지만, 아이디어 회의, 마인드맵, 일정 관리 등 협업에 필요한 활동을 디지털 도구를 활용하여 종합적으로 체험해 보기에 더없이 좋은 도구입니다. 미로와 같은 클라우드 도구를 활용할 땐 클라우드의 기술적인 사용방법도 알아야 하지만, 클라우드 상에서의 공유와 보호의 개념, 클라우드를 사용할 때 지켜야 할 에티켓 등을 먼저 이해하는 것이 필요합니다. 다른 사람이 작업한 것은 직접 수정하거나 삭제해서는 안 되고, 댓글을 통해 의견을 전달하여 작성자가 직접 수정, 삭제하도록 하는 것이 예의겠죠. 나와 의견이 다르더라도 비난하지 말아야 한다는 것도 알려 주세요. 비판할 때는 바르고 고운 말을 사용하고, 대안도 함께 제시하는 것이 좋다는 것도 알 수 있도록 지도해 주세요. 사소한 듯 보이지만 이런 작은 태도와 행동이 협업의 기본임을 이해하며 클라우드를 활용할 수 있도록 지도해 주세요.

모바일 마인드맵 도구, 미마인드!

생각을 정리하고, 아이디어를 찾는 가장 유용한 방법이 '마인드맵'이죠. 마인드맵은 큰 그림을 보며 배가 산으로 가지 않도록 해 줘요. 어느 하나도 빠짐없이, 겹치는 것 없이 생각을 정리하고 구조화할 수 있도록 도와주죠. 과거에는 마인드맵을 칠판에 쓰거나 포스트잇을 이용하여 손으로 쓰고 붙이고 옮겨 가며 작업을 하다 보니 썼다 지웠다 해야 하고 번거로울 수밖에 없었죠. 마인드맵은 디지털 도구로 바뀌면서 날개를 달았습니다. 미마인드는 모바일용 마인드맵 중 가장 쉽고 간단하게 사용할 수 있는 도구입니다. 스마트폰을 활용하여 브레인스토밍, 디자인, 사고 구조화, 아이디어 요약, 토론 등의 활동을 할 수 있어요.

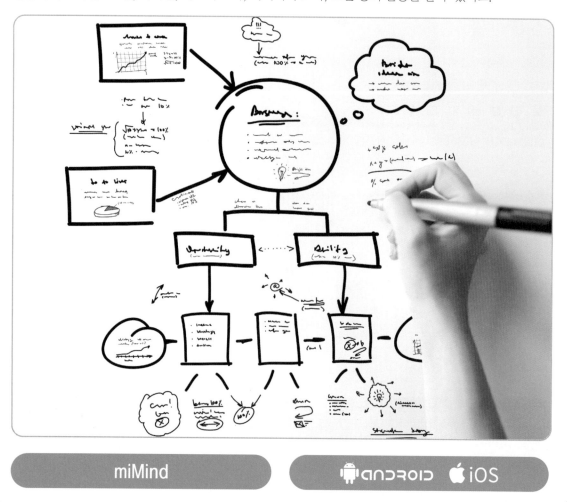

miMind

ANDROID iOS

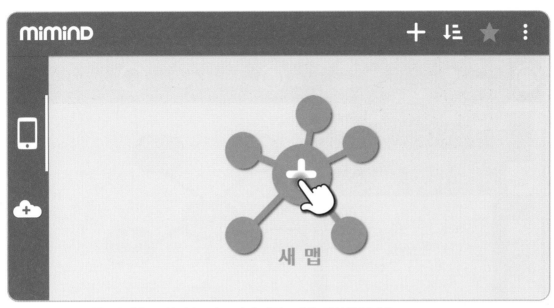

+를 클릭해 새 맵을 작성할 수 있어요. 진로 탐색 마인드맵을 작성해 볼게요.

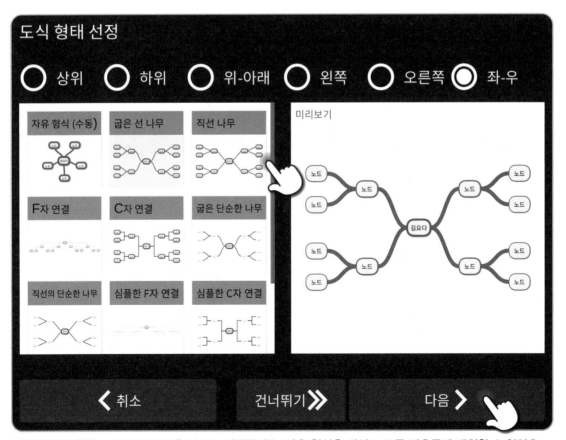

다양한 도식 형태 중 수동인 자유 형식으로 선택하세요. 자유 형식은 자식 노드를 자유롭게 배치할 수 있어요.

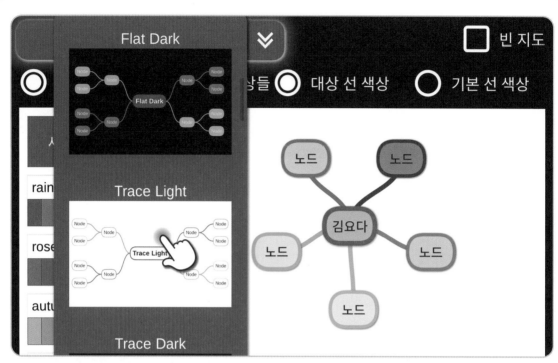

Trace Light 테마를 선택할게요.

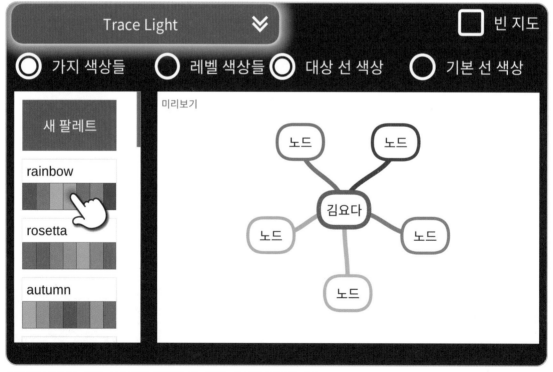

선택된 테마의 색상 스타일을 선택한 후 색상 패턴을 설정하세요.

빈 지도를 체크하면 마인드맵이 생성됩니다. 설정이 완료되면 **종료**를 클릭하세요.

노드를 터치하면 메뉴가 보입니다. 노드 아래의 연필 버튼 을 클릭하면 내용을 수정할 수 있어요.

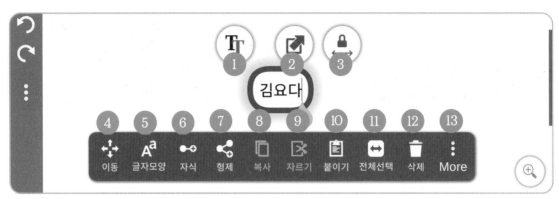

① **텍스트 편집** 블록으로 지정된 텍스트의 크기, 색상, 굵게, 기울기 등을 조정해요.

② **이동** 텍스트 입력창으로 이동해요.

③ **텍스트 영역 지정** 노드 내 텍스트 영역의 최대 크기를 지정해요.

④ **이동** 노드는 그대로 두고 텍스트의 위치를 이동해요.

⑤ **글자모양** 텍스트 스타일, 크기, 정렬, 색상, 폰트 등을 변경해요.

⑥ **자식** 자식 노드를 만들어요.　　　　　⑦ **형제** 형제 노드를 만들어요.

⑧ **복사** 블록 설정한 텍스트를 복사해요.　　⑨ **자르기** 블록 설정한 텍스트를 잘라내요.

⑩ **붙이기** 복사된 텍스트를 붙여 넣기해요.　⑪ **전체선택** 노드의 텍스트 전체를 선택해요.

⑫ **삭제** 텍스트를 삭제해요.　　　　　　　⑬ **더보기** Toolbar Text를 비활성화해요.

① **텍스트** 토픽 아래에 설명을 덧붙일 수 있어요.

② **사진** 사진을 추가할 수 있어요.

③ **연결** 다른 노드와 연결해요.

④ **노트** 메모를 추가할 수 있어요.

⑤ **더보기** 하이퍼링크 등을 추가힐 수 있어요.

⑥ **복사** 노드를 복사해요.

⑦ **자르기** 노드를 잘라 내요.

⑧ **붙이기** 복사한 노드를 붙여 넣기해요.

⑨ **삭제** 노드를 삭제해요.

⑩ **자식** 하위 노드를 추가해요.

⑪ **형제** 동급 노드를 추가해요.

⑫ **복제** 노드를 복제하여 새로운 노드를 만들어요.

⑬ **다시 연결** 다른 노드와 다시 연결해요.

⑭ **크기 조절** 노드의 크기를 조절해요.

⑮ **그룹** 현재 노드 이하를 그룹으로 만들어요.

⑯ **색깔** 노드의 구성 색깔을 설정해요.

⑰ **도형** 노드 모양을 변경해요.

⑱ **스키마** 선택된 노드 이하의 스키마를 변경해요.

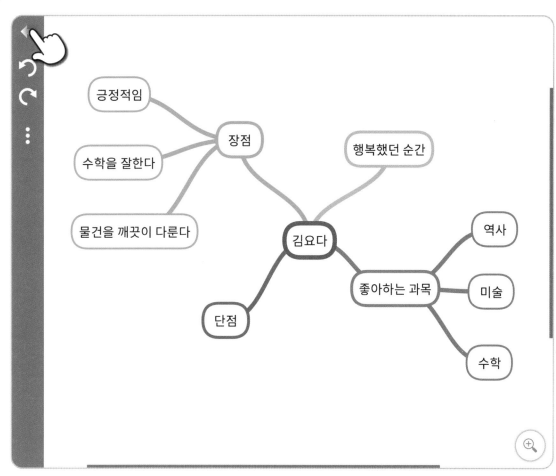

작성이 완료되면 왼쪽 위의 화살표를 클릭하여 리스트로 돌아갈 수 있어요. 이때 저장 여부를 확인해요.

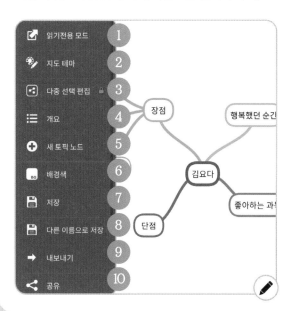

더보기 버튼 ⋮ 을 클릭하면 나타나는 메뉴에요.
① **읽기전용 모드** 읽기 전용 모드로 이동해요.
② **지도 테마** 테마를 변경해요.
③ **다중 선택 편집** 여러 개를 선택하여 편집할 수 있어요. 유료 계정만 이용 가능해요.
④ **개요** 개요를 보여줘요.
⑤ **새 토픽 노드** 새로운 토픽을 추가해요.
⑥ **배경색** 배경색을 지정할 수 있어요.
⑦ **저장** 마인드맵을 저장해요.
⑧ **다른 이름으로 저장** 폴더 위치나 파일명을 변경하여 저장해요.
⑨ **내보내기** 파일 형식을 지정하여 저장할 수 있어요.
⑩ **공유** 파일 형식을 지정하여 공유할 수 있어요.

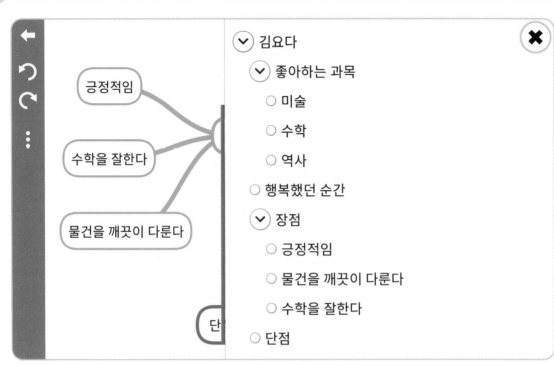

개요 화면입니다. 마인드맵을 리스트 형태로 보여줘요.

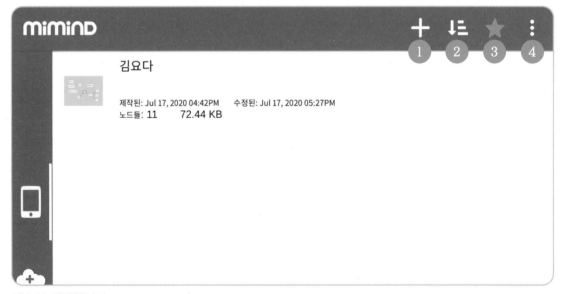

리스트 화면입니다.
① + 새로운 마인드맵을 작성해요.
② **정렬** 리스트를 정렬합니다.
③ **업그레이드** 유료 앱 구매 페이지로 이동해요.
④ **더 보기** 새 맵, 맵 열기, 클라우드에서 가져오기 등 추가 메뉴가 다음과 같이 보여요.

① **새 맵** 새로운 마인드 맵을 만들어요.

② **맵 열기** 기기에 저장된 마인드 맵을 열어요.

③ **클라우드에서 가져오기** 구글 드라이브 등의 클라우드나 기기에 저장된 마인드맵을 가져와요.

④ **내보내기** 파일 형식을 지정하여 저장할 수 있어요.

⑤ **맵 삭제** 선택된 맵을 삭제해요.

⑥ **설정** 스크린 해상도, 나이트 모드 선택 여부, 리스트 레이아웃, 자세히 보기 선택 여부 등을 설정해요.

⑦ **업그레이드** 유료 앱 구매 페이지로 이동해요.

⑧ **도움말** 도움말을 보여줘요.

⑨ **나가기** 미마인드를 종료해요.

Teaching 꿀팁!

마인드맵 작성은 학생이 수업에 집중하고 내용을 정리하며 수업에 참여할 수 있도록 하는 학습 방법이에요. 마인드맵으로 정리하다 보면, 수업의 전체 흐름을 한눈에 파악할 수 있어 공부한 내용을 머릿속에 정리하기 쉽죠. 한 단원이 끝날 때마다 해당 단원을 마인드맵으로 정리할 수 있도록 지도해 주세요. 손으로 정리해도 되지만 디지털 도구를 활용하면 수정과 공유가 쉽기 때문에 피드백을 해 주기도 좋아요. 단원 정리뿐 아니라 꿈과 진로 설계를 위해 나 자신을 마인드맵으로 표현해 보거나 미래 직업을 마인드맵으로 표현해보는 활동에도 유익하답니다.

실시간 공동 문서 제작 협업 도구, 구글 프레젠테이션!

문서를 만들고, 저장하고, 이메일로 보내면, 받은 사람이 자신의 컴퓨터에 저장하고 수정한 후 다시 이메일로 보내고…. 과거에는 당연했던 이런 과정이 구글 클라우드 문서를 사용해 보면 매우 원시적으로 느껴집니다. 구글 프레젠테이션을 사용하면 문서 협업의 생산성이 10배 이상 향상돼요. 이메일 주소 또는 링크로 사용자를 초대하여 여러 명이 동시에 작업할 수 있어서 모둠 활동에 적합하지요. 읽기, 댓글 작성, 편집의 3단계로 권한을 설정할 수 있어서 공유할 때도 참여의 수준을 정할 수 있죠. 링크로 들어오는 사용자에게 편집 권한을 주면, 로그인하지 않아도 문서를 편집할 수 있어요.

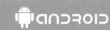

구글 프레젠테이션은 파워포인트 문서를 작성하는 것과 아주 비슷해요. 대부분의 단축키도 동일하답니다. 하지만 구글 프레젠테이션만의 장점이 있어요. 동화책을 만들어 보면서 설명드리겠습니다.

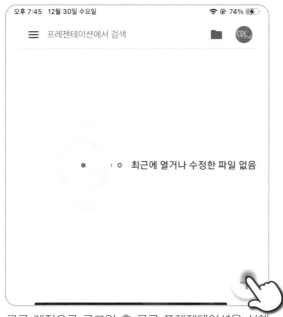

구글 계정으로 로그인 후 구글 프레젠테이션을 실행해 주세요. 오른쪽 아래에 있는 + 버튼을 클릭하세요.

템플릿을 선택하여 문서를 제작하는 방법과 빈 프레젠테이션 파일로 시작하는 방법이 나타나요.

템플릿을 선택하면 다양한 템플릿이 나타나요.

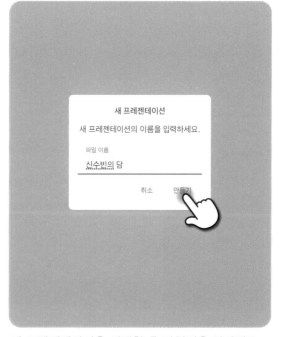

새 프레젠테이션을 선택한 후 파일명을 입력해요.

문서 작성 페이지에요.

① **실행취소** 실행을 취소하고 이전으로 되돌려요.

② **재실행** 작업을 재실행해요.

③ **프레젠테이션 보기** 전체 화면으로 프레젠테이션할 수 있어요.

④ **공유** 구글 계정 또는 링크로 다른 사람들과 문서를 공유할 수 있어요.

⑤ **삽입** 댓글, 텍스트 상자, 이미지, 도형, 선, 표, 링크를 삽입할 수 있어요.

⑥ **댓글** 댓글을 추가해요.

⑦ **더 보기** 테마 변경, 발표자 노트 보기, 안내선 보기, 오프라인으로 사용, 별표 표시 등을 할 수 있어요.

⑧ **새 슬라이드** 새로운 슬라이드를 추가해요.

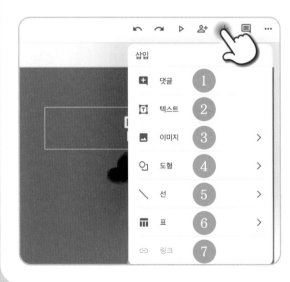

삽입 버튼 **+**를 누르면 다음과 같은 작업을 할 수 있어요.

① **댓글** 의견을 전달하기 위한 댓글을 추가해요.

② **텍스트** 텍스트 상자를 추가해요.

③ **이미지** 기기에 저장된 이미지를 추가하거나 카메라로 촬영하여 이미지를 추가해요.

④ **도형** 도형, 화살표, 설명선, 등식을 추가할 수 있어요.

⑤ **선** 기본선, L자로 연결된 L자형 커넥터, 곡선으로 연결된 곡선 커넥터를 추가할 수 있어요.

⑥ **표** 열과 선을 설정해서 표를 삽입할 수 있어요.

⑦ **링크** 이미지나 텍스트를 선택하면 링크를 추가할 수 있는 링크 메뉴가 활성화돼요.

텍스트 상자를 선택하면 텍스트 옵션을 설정할 수 있는 **텍스트** 탭, 단락 옵션을 설정할 수 있는 **단락** 탭, 도형 옵션을 설정할 수 있는 **도형** 탭이 나타나요.

텍스트 상자, 이미지, 도형 등을 선택하면 아래쪽에 오려 두기, 복사하기, 붙여 넣기, 삭제, 맨 뒤로 보내기, 링크 삽입, 댓글 추가 메뉴가 보여요.

새 슬라이드 버튼을 클릭하면 슬라이드를 추가할 수 있어요.

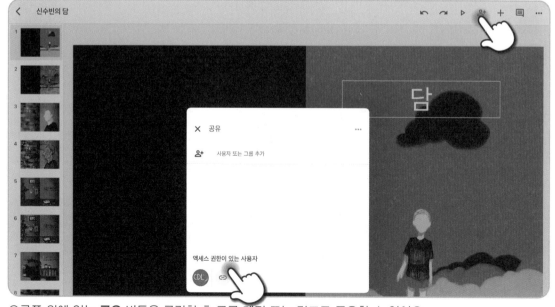

오른쪽 위에 있는 **공유** 버튼을 클릭한 후 구글 계정 또는 링크로 공유할 수 있어요.

링크 버튼을 클릭하면 링크 권한이 나와요. **변경** 버튼을 클릭하면 권한을 변경할 수 있어요. 권한 설정이 끝나면 링크를 복사하여 공유하면 됩니다.

Teaching 꿀팁!

PC는 크롬 브라우저를 활용하여 이용할 수 있고, 모바일 크롬 브라우저를 이용해서 문서 보기는 가능하지만, 문서 편집은 할 수 없으므로 모바일에서 편집을 하기 위해서는 앱을 설치하도록 해 주세요. 모바일 앱에서는 문서의 크기를 설정하거나, 글꼴 더 보기를 통해 한글 폰트를 추가하거나, 애니메이션 효과 등의 작업은 할 수 없답니다. 그러니 작업 범위에 따라 기기를 선택해야겠죠. 만약 학생들이 구글 계정이 없다면 선생님이 빈 프레젠테이션을 만들어 링크를 클릭하고 들어온 모든 사용자에게 편집 권한을 주도록 설정해서 누구나 편집할 수 있게 해 주세요. 구글 클래스룸과 연동하여 사용할 수 있고, 마이크로소프트 파워포인트 문서를 불러와서 편집할 수 있고, 구글 프레젠테이션에서 작성한 문서를 파워포인트로 저장할 수도 있어요. 로그인하지 않고 링크로 접속할 경우에 보이는 사용자들의 아이콘은 멸종 위기 동물이랍니다. 나의 아이콘이 무엇인지 확인하고 해당 동물에 관해 이야기해 보는 것도 구글 프레젠테이션을 이용하여 할 수 있는 재미있는 활동이에요.

함께 사용할 수 있는 15G 무료 클라우드, 구글 드라이브!

구글 드라이브는 구글에서 제공하는 클라우드 서비스에요. 만 14세 이상이면 누구나 구글 계정을 만들 수 있고, 그 이하일 경우 GSuite for Education으로 학교 단체 계정을 만들거나 부모님 동의를 받고 구글 패밀리 링크로 계정을 만들 수 있어요. 구글 드라이브에 저장된 파일은 어느 기기에서나 수정할 수 있으며, 다른 사용자와 파일 또는 폴더를 공유할 수도 있어요. 파일이 어디에 있는지는 중요하지 않아요. 원소유자가 공유 권한을 어떻게 설정하느냐가 중요하죠. 지메일 대용량 첨부 파일, 구글 포토, 구글 사이트 등 구글의 모든 서비스에 첨부되는 파일은 계정당 15G씩 무료로 주어지는 구글 드라이브를 이용해요.

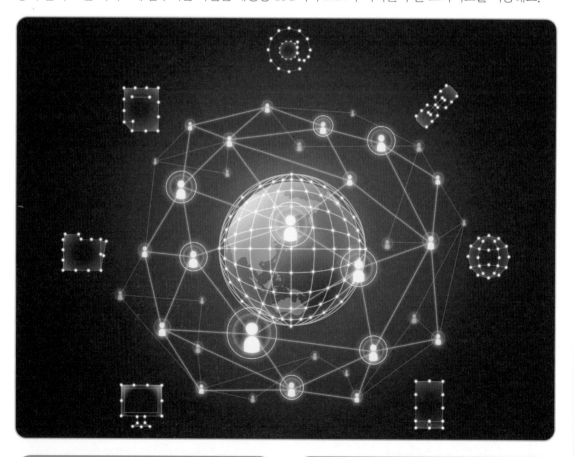

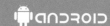 **Google 드라이브**

구글 드라이브를 사용하려면 구글 회원 가입이 필요해요. 회원 가입 후 드라이브를 실행하면 내 드라이브의 폴더와 문서를 볼 수 있어요.

아래쪽에 있는 메뉴를 설명할게요.
① **홈** Google 드라이브 홈으로 이동하여 최근 작업한 문서를 볼 수 있어요.
② **중요 문서함** 중요 문서함에 저장된 문서와 폴더를 볼 수 있어요.
③ **공유됨** 공유된 문서와 폴더를 볼 수 있어요.
④ **파일** 내 드라이브의 폴더와 파일을 볼 수 있어요.
⑤ **새로 만들기** 파일이나 폴더를 새로 만들거나 기기의 파일을 구글 드라이브에 업로드할 수 있어요.

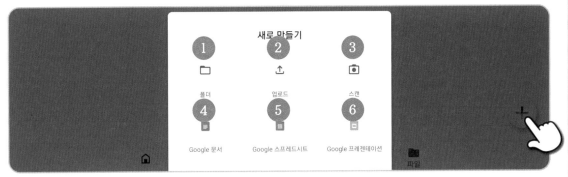

새로 만들기 버튼을 클릭하면 다음 작업을 할 수 있어요.
① **폴더** 구글 드라이브에 새 폴더를 생성해요.
② **업로드** 기기의 파일을 구글 드라이브에 업로드해요.
③ **스캔** 기기의 카메라를 이용하여 문서를 스캔하고 pdf 파일로 저장해요.
④ **Google 문서** 구글 문서 앱을 설치하고 문서를 작성할 수 있어요.
⑤ **Google 스프레드시트** 구글 스프레드시트 앱을 설치하고 문서를 작성할 수 있어요.
⑥ **Google 프레젠테이션** 구글 프레젠테이션 앱을 설치하고 문서를 작성할 수 있어요.

목록에서 파일의 더보기 메뉴를 선택하세요.

① **공유** 사용자 지메일(Gmail) 또는 그룹을 추가하여 공유할 수 있어요.

② **중요 문서함에 추가** 중요 문서함에 추가하여 문서가 많을 때 쉽게 찾을 수 있어요.

③ **오프라인 사용 설정** 인터넷이 연결되지 않은 곳에서도 파일을 수정할 수 있도록 설정해요.

④ **링크 공유 사용 안 함** 파일 공유 설정 후 링크를 복사해요. 공유 설정이 되면 링크 공유 사용 중으로 표기됩니다.

⑤ **링크 복사** 링크를 복사해요. 공유 설정에 따라 수행할 수 있는 권한이 달라져요.

⑥ **사본 만들기** 파일의 사본을 만들어요.

⑦ **사본 보내기** pdf 파일로 공유할 수 있어요.

⑧ **연결 앱** 연결된 앱을 이용해 열 수 있어요.

⑨ **다운로드** 파일을 다운로드해요.

⑩ **이름 바꾸기** 파일의 이름을 수정해요.

⑪ **드라이브에 바로가기 추가** 드라이브에 바로가기를 추가해 해당 폴더 또는 문서를 쉽게 이용할 수 있어요.

⑫ **이동** 드라이브 내의 위치를 이동해요.

⑬ **세부 정보 및 활동** 세부 정보 및 활동을 확인할 수 있어요.

⑭ **인쇄** 파일을 인쇄할 수 있어요.

⑮ **삭제** 드라이브에서 삭제해요.

⑯ **악용사례 신고** 악용사례를 신고할 수 있어요.

사용자 또는 그룹 추가에 지메일 또는 구글에서 사용하는 이름으로 사용자를 추가할 수 있어요. 추가된 사용자는 메일함에서 문서 공유를 확인할 수 있어요.

변경을 클릭하면 구글 계정으로 로그인하지 않아도 링크를 가진 모든 사용자에게 뷰어, 댓글 작성자, 편집자의 권한을 줄 수 있어요.

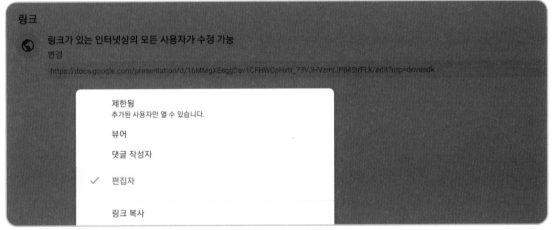

뷰어는 보기 권한만, **댓글 작성자**는 보기 권한과 댓글 작성 권한만, **편집자**는 편집 권한이 주어집니다. 이렇게 권한을 설정한 후 링크를 복사하여 공유하면 됩니다.

Teaching 꿀팁!

클라우드는 해킹에 따른 위험보다 사용자가 권한을 잘못 설정해 정보 유출되는 경우가 많아요. 구글 드라이브의 경우 링크만으로도 접속하여 편집할 수 있는 기능이 있으므로 권한 설정 시 신중해야 합니다. 문서의 경우 작업 히스토리 관리 기능이 있으므로 이전 상태로 복구할 수 있지만, 공유한 폴더에서 파일을 삭제했을 경우에는 되돌릴 수 없으니 주의하도록 지도해 주세요.

정보를 공유하고 디지털 예절을 배우는 공간, 패들렛!

패들렛은 토론, 아이디어 회의, 포트폴리오 제작 등이 가능한 공유 플랫폼이에요. 담벼락, 캔버스, 스트림, 그리드, 셀프, 백채널, 지도, 타임라인 등 다양한 레이아웃을 제공해 주기 때문에 용도에 맞게 정보를 공유할 수 있어요. 스마트폰 브라우저를 통해 접속이 가능하기 때문에 패들렛 앱을 설치하지 않아도 이용할 수 있어요. 정보를 파일 또는 링크 첨부 형태로 공유할 수 있고, 댓글과 반응으로 피드백을 주고받을 수도 있죠. 구글 드라이브처럼 접속 권한을 설정할 수 있어서 참여 수준을 정할 수 있고, 사용이 끝나면 PDF로 다운로드해 보관할 수도 있습니다.

Padlet

ANDROID iOS

패들렛은 회원 가입을 해야 공간을 만들 수 있어요. 구글, 마이크로소프트, 애플 등의 계정으로 쉽게 가입할 수 있어요. 무료 회원인 경우 최대 3개까지 패들렛을 만들 수 있고, 파일 업로드는 10MB로 제한됩니다.

+ 패들렛 만들기를 클릭해 새로운 패들렛을 만들어 볼게요.

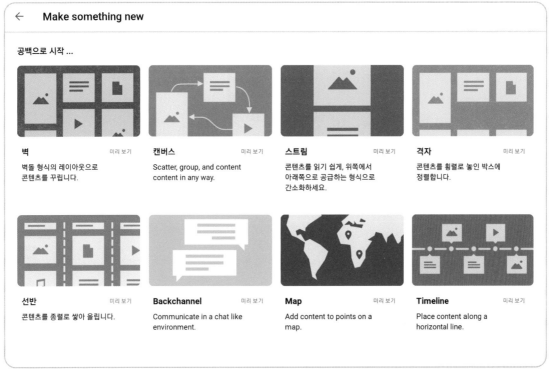

패들렛은 벽, 격자, 선반, Map, Timeline 등 여덟 가지 템플릿을 제공해요. 수업 안내 또는 결과물 공유 게시판으로는 선반 템플릿이 편리해요. 시간순으로 나열할 수 있는 Timeline이나 지도를 제공하는 Map도 유용하답니다. 사용법은 동일하지만 템플릿별로 약간씩 차이가 있어요.

벽은 벽돌 형식의 레이아웃이에요. 사진 공모전, 수업 후기, 질문 등을 공유할 때 유리해요.

캔버스는 콘텐츠를 미음대로 이동하거나 연결할 수 있어요. 가로 크기를 자유롭게 만들 수 있는 포스트잇이라고 생각하면 쉬워요. 서로 화살표로 연결해 줄 수 있어서 마인드맵을 제작할 때 유리해요.

스트림은 페이스북 타임라인처럼 읽기 쉬운 하향식 피드 형태입니다.

그리드는 담벼락과 비슷하지만, 콘텐츠를 줄지어 배치하는 특징이 있어요. 특정 콘텐츠 길이가 길 경우에는 해당 콘텐츠 길이에 맞추기 때문에 공백이 많이 생겨 보기 좋지 않아요. 비슷한 규격의 콘텐츠를 게시할 때 유용해요.

선반은 말 그대로 선반에 물건을 정리하는 것 같아요. 칼럼을 만든 후 해당 칼럼에 콘텐츠를 쌓아 배치할 수 있어요. 학급의 경우 학생의 이름으로 칼럼을 만들어 결과물을 공유하는 포트폴리오 웹 사이트를 제작할 수 있어요.

Backchannel은 말풍선으로 이루어져 있어서 채팅과 같은 환경을 제공해요. 단톡방 예절 교육이나 카톡방 대화를 콘셉트로 하는 스토리텔링 수업에 유용해요.

Map은 구글맵처럼 지도상의 지점을 콘텐츠로 추가할 수 있어요. 역사나 세계사, 사회 수업에서 활용하면 좋아요.

Timeline은 콘텐츠를 시간의 흐름대로 배치할 수 있어요. 역사 수업이나 과학 실험 순서, 스토리 구상할 때 활용할 수 있어요.

선반 템플릿으로 패들렛을 만들어 볼게요.

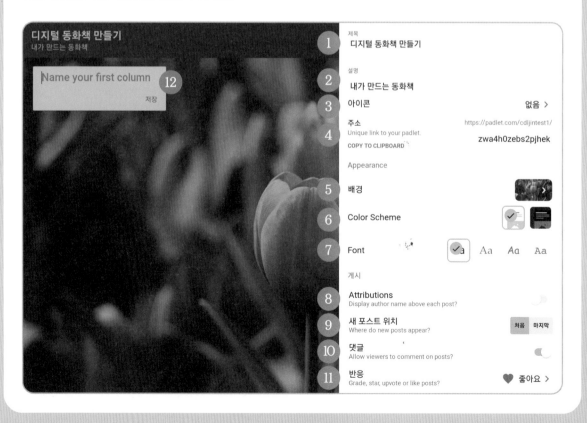

① **제목** 패들렛의 제목을 입력해요.
② **설명** 패들렛 설명을 입력해요. 필수 항목은 아니에요.
③ **아이콘** 패들렛을 구분하기 위한 아이콘을 선택해요. 이미지를 업로드하여 사용할 수 있어요.
④ **주소** 패들렛 아이디 이후 주소를 설정해요.
⑤ **배경** 배경을 선택해요. 이미지를 업로드하여 사용할 수 있어요.
⑥ **Color Scheme** 흰색 배경과 검은색 배경을 선택해요. 검은 배경을 선택하면 강한 원색을 콘텐츠 배경으로 이용할 수 있고, 흰색 배경은 파스텔톤만 콘텐츠 배경으로 이용할 수 있어요.
⑦ **Font** 한글은 명조와 고딕 계열만 이용할 수 있어요.
⑧ **Attributions** 작성자 계정 정보 표시 여부를 선택해요.
⑨ **새 포스트 위치** 칼럼마다 새로운 콘텐츠를 제일 위에 배치할 것인지, 제일 아래에 배치할 것인지 선택할 수 있어요. 위에 배치하면 최신 콘텐츠를 확인할 수 있고, 아래에 배치하면 시간 흐름 순으로 배치할 수 있다는 장점이 있어요. 관리자는 콘텐츠의 위치를 마음대로 바꿀 수 있어요.
⑩ **댓글** 이용자가 댓글을 달 수 있도록 기능을 활성화할 수 있어요.
⑪ **반응** 좋아요, 투표, 1~5개의 별점, 등급 중 하나의 반응 기능을 선택하거나 반응이 없도록 설정할 수 있어요.
⑫ **칼럼 추가** 칼럼을 추가해요. 칼럼의 위치는 관리자만 바꿀 수 있어요.

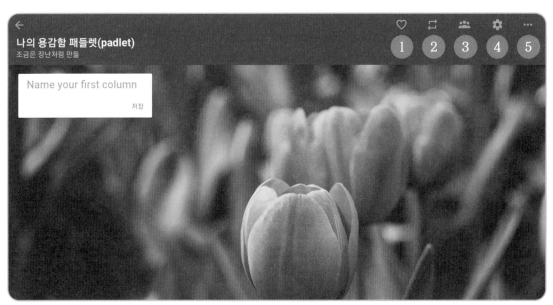

모든 템플릿 패들렛 오른쪽 위에 있는 메뉴에 관한 설명이에요.
① **좋아요** 패들렛 대시보드에서 Liked로 모아 볼 수 있어요.
② **리메이크** 현재 패들렛을 그대로 복사하여 새로운 패들렛을 만들어요. 리메이크는 같은 형태의 게시판을 여러 수업에서 사용해야 할 때 편리해요.
③ **공유** 패들렛을 다른 사람들과 공유할 수 있어요.
④ **설정** 처음 만들 때 세팅했던 패들렛의 제목, 설명, 아이콘, 포스트 위치 등을 수정할 수 있어요.
⑤ **더보기** 공유, 내보내기를 할 수 있어요.

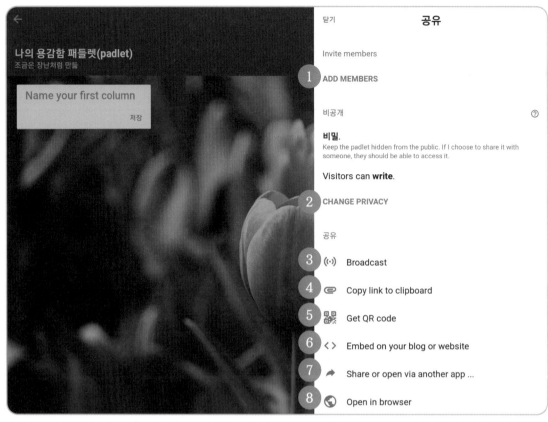

공유 화면에 관한 설명이에요.

① **ADD MEMBERS** 사용자를 초대할 수 있고, 사용자에 따라 읽기 기능, 편집 기능, 타 사용자 콘텐츠 편집 기능, 관리 가능 권한을 줄 수 있어요. 한 패들렛을 여러 사람이 관리할 수도 있어요. 만약 무료로 사용할 수 있는 최대 패들렛 3개로 부족하다면 여러 개의 계정을 만들 수 있겠지요. 이럴 때 계정이 다른 패들렛을 관리하려면 로그인과 로그아웃을 반복해야 할 겁니다. 하지만 ADD MEMBERS에서 여러 개의 계정 중 메인으로 사용할 계정을 추가하여 관리 가능하도록 권한을 준다면 달라지겠지요. 메인 계정으로 로그인 했을 때 다른 패들렛도 모두 관리할 수 있으니까요. 하나의 패들렛을 여러 명이 관리할 수도 있지만, 여러 개의 계정으로 만든 패들렛을 하나의 계정에서 관리할 수 있도록 하는 유용한 기능입니다.

② **CHANGE PRIVACY** 패들렛의 공개 여부와 방문자 권한을 설정할 수 있어요. 클릭하면 오른쪽 페이지 와 같이 별도 창이 열립니다. 오른쪽 페이지에서 설명할게요.

③ **Broadcast** 주변 기기의 패들렛 앱에 초대 메시지를 보내요. 메시지를 받은 기기에서는 로그인 없이 초대된 패들렛에 참여할 수 있어요.

④ **Copy link to clipboard** 링크를 클립보드에 복사해요.

⑤ **Get QR code** QR코드를 생성해요.

⑥ **Embed on your blog or website** 다른 웹 사이트에 붙여 넣을 수 있는 HTML 코드를 가져올 수 있어요.

⑦ **Share or open via another app** 다른 앱에서 패들렛을 열 수 있어요.

⑧ **Open in browser** 브라우저에서 padlet.com에 접속하여 패들렛을 열어요.

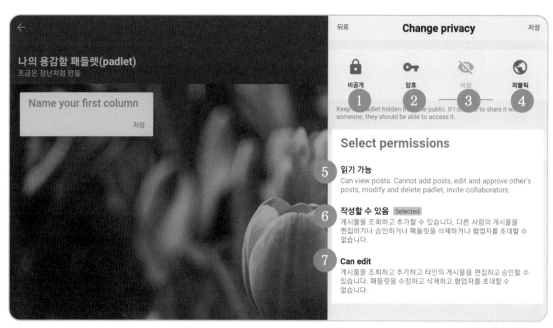

CHANGE PRIVACY에서 공개 설정은 아래 네 가지 중 선택할 수 있어요. 일반적으로 링크가 있어야 접근할 수 있는 비밀로 설정합니다.

① **비공개** 소유자 외에 다른 사람에게 비공개해요.

② **암호** 비밀번호를 입력해야 공개돼요.

③ **비밀** 공유자이거나 링크를 통해 공개돼요.

④ **퍼블릭** 구글에서 검색 가능하도록 공개돼요.

이렇게 패들렛에 접속한 방문자 권한을 **Select permissions**에서 설정할 수 있어요.

⑤ **읽기 가능** 읽기만 가능해요.

⑥ **작성할 수 있음** 게시물을 조회하고 추가할 수 있어요. 다른 사람의 게시물을 편집하거나 삭제할 수 없어요. 학생 수업을 위해 패들렛을 활용할 경우에는 작성 권한을 줘야겠지요?

⑦ **Can edit** 게시물을 편집할 수 있어요.

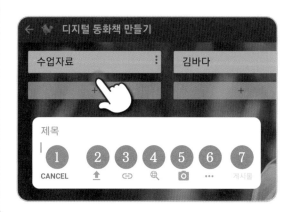

+ 버튼을 클릭해 게시물을 추가할 수 있어요
제목과 내용을 입력해요.

① CANCEL 게시물 작성을 취소해요.

② **업로드** 파일을 업로드해요.

③ Link 링크를 공유해요.

④ Google 구글 검색 결과를 추가할 수 있어요.

⑤ Snap 카메라로 찍은 사진을 공유해요.

⑥ **더 보기** 다른 형태의 게시물을 올릴 수 있어요.

⑦ **게시물** 게시물 작성을 완료해요.

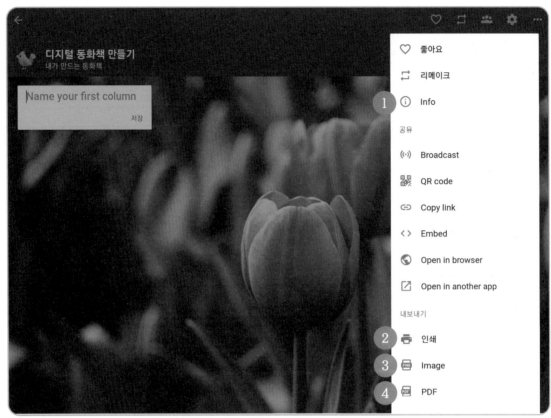

더 보기 화면에 관한 설명이에요. 앞의 설명과 중복되지 않는 부분만 정리할게요.

① **Info** 만든 날짜, 마지막 업데이트 날짜, 프라이버시와 형식, 게시물 수, 댓글 수, 반응 수, 기여자 수, 사용한 저장 공간에 관한 정보를 알 수 있어요.

② **인쇄** 패들렛을 인쇄할 수 있어요.

③ **Image** 패들렛 내용을 이미지로 저장해요.

④ **PDF** 패들렛 내용을 PDF로 저장해요.

선반 템플릿 패들렛 예시입니다.

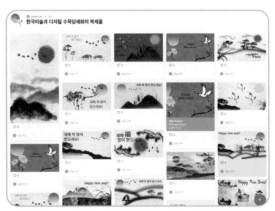

벽 템플릿 패들렛 예시입니다.

이번엔 **Map** 패들렛을 만들어 볼게요.

오른쪽 아래에 있는 + 버튼을 클릭하세요.

주소나 지역명을 입력하면 구글맵에서 검색할 수 있어요.

검색된 장소에 게시물을 등록할 수 있어요. 지역 소개 이미지를 업로드하고 **저장**을 클릭하세요.

Map 템플릿 패들렛 예시입니다.

Timeline 템플릿 패들렛 예시입니다.

Teaching 꿀팁!

수업 목적에 맞는 패들렛 레이아웃을 선택해 주세요. 무료 계정은 담벼락을 세 개까지 만들 수 있으므로 담벼락이 부족할 경우에는 사용 완료된 담벼락을 PDF로 다운로드하여 보관한 후 삭제하고 사용하면 됩니다. 패들렛 접속 URL은 gg.gg 또는 bit.ly를 이용해서 기억할 수 있는 짧은 URL로 만들어 공유해 주세요.

실시간으로 의견을 수렴할 때, 멘티미터!

멘티미터는 발표자와 참여자가 소통할 수 있는 실시간 의견 수렴 도구입니다. 막대그래프, 워드 클라우드, 주관식 답변형, 퀴즈 등 다양한 템플릿을 이용해 의견과 아이디어를 모으기에 좋아요. 발표자는 mentimeter.com에 접속하여 문서를 제작, 공유하고, 참여자는 멘티미터 앱을 설치하거나 menti.com에서 code를 통하여 회원 가입 없이 참여할 수 있어요. 참여 현황도 실시간으로 공유할 수 있고, 참여자의 의견도 실시간으로 시각화하여 공유할 수 있습니다. 실시간으로 참가자의 질문 및 의견을 게시하고 확인하는 기능이 있어 원격 수업에도 유용해요.

Mentimeter

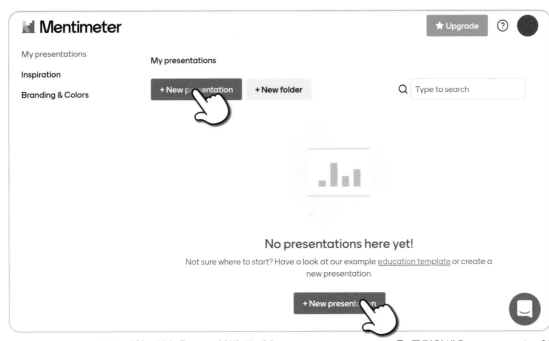

mentimeter.com에서 회원 가입 후 로그인해 주세요. **+ New presentation**을 클릭하세요. presentation이 여러 개일 경우, **+ New folder**에서 폴더를 만들고 폴더별로 구분하여 저장할 수 있어요.

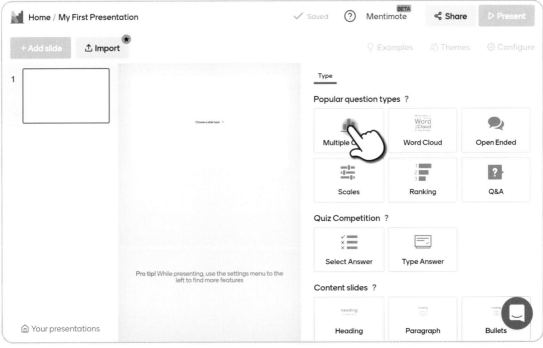

Type을 선택하세요. Multiple Choice, Word Cloud, Ranking, Image Choice 등 다양한 템플릿이 제공됩니다. **Multiple Choice**를 선택해 볼게요.

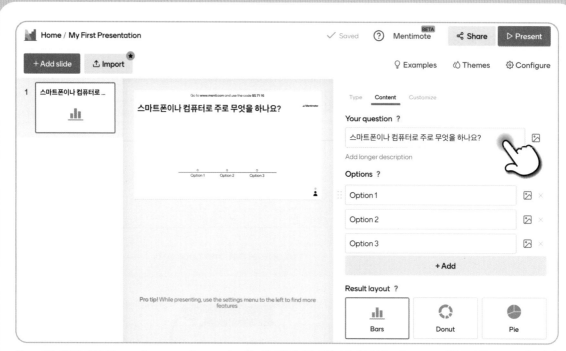

Type이 선택되면 Type, Content, Customize의 세 가지 탭 메뉴가 보여요. **Content** 항목들은 Type에 따라 달라집니다. **Your question**에 질문을 입력하면 미리 보기 화면에서 확인할 수 있어요.

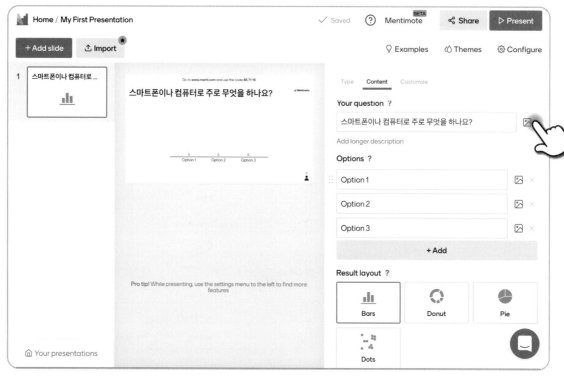

질문에 그림을 추가하려면 **이미지 아이콘**을 클릭하세요.

기기에 저장되어 있는 이미지를 업로드하거나 무료 이미지 사이트를 활용할 수 있어요. 이미지를 업로드하려면 **click here**를 클릭하세요.

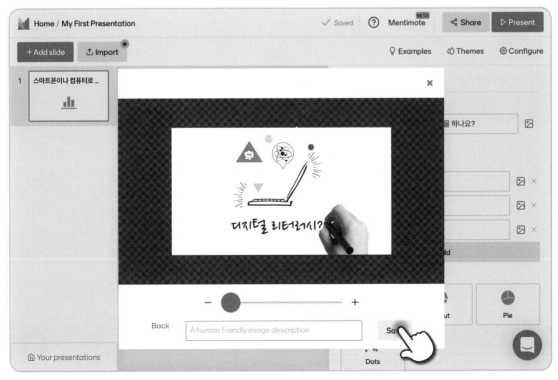

이미지의 크기를 조절한 후 **Save**를 클릭하세요.

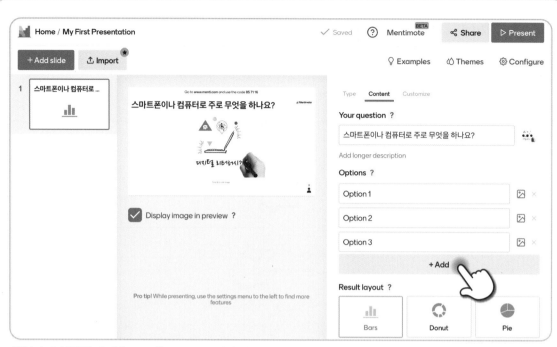

참여자가 선택할 수 있는 보기는 Options입니다. Options 추가는 **+Add**, 삭제는 ×를 클릭하세요. Option1을 입력한 후 이미지 아이콘을 클릭하세요.

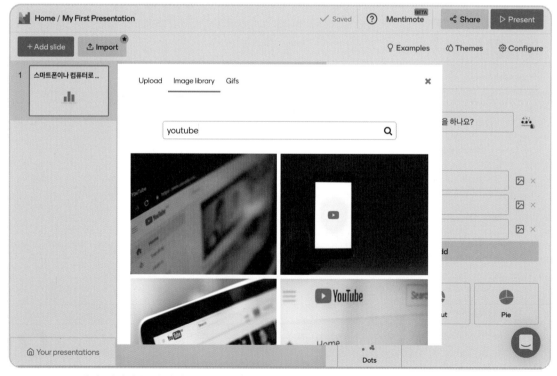

Image library에서 이미지를 검색해 추가해 주세요.

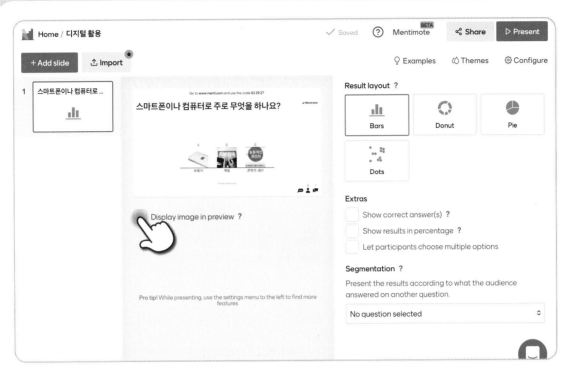

Display image in preview의 체크 박스를 해제하면 미리 보기에서 Options를 확인할 수 있어요.

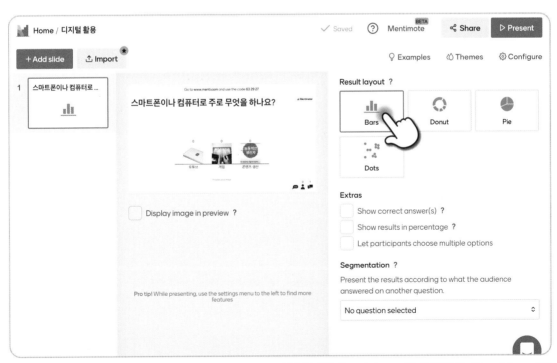

Multiple Choice Type인 경우 Bars, Donut, Pie, Dots의 네 가지 Result layout을 제공해요. **Result layout**을 Bars로 두고 오른쪽 위의 **Present**를 클릭하세요.

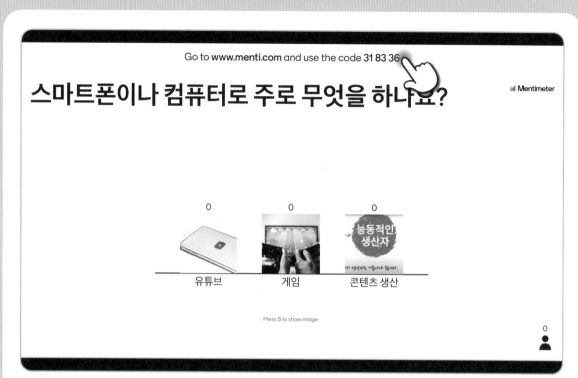

Slide 실행 화면 위에 참여자가 입력할 code가 있어요.

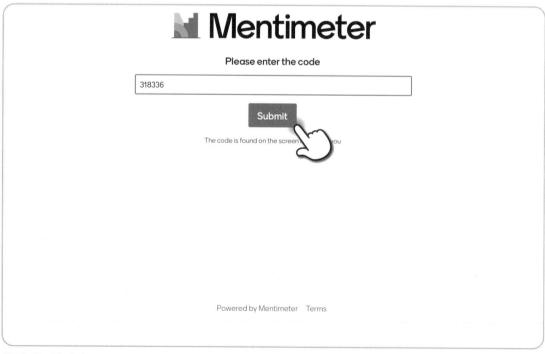

참여자는 웹에서 **menti.com**으로 접속하거나 멘티미터 앱에서 참여할 수 있어요. code를 입력하고 **Submit**을 누르세요.

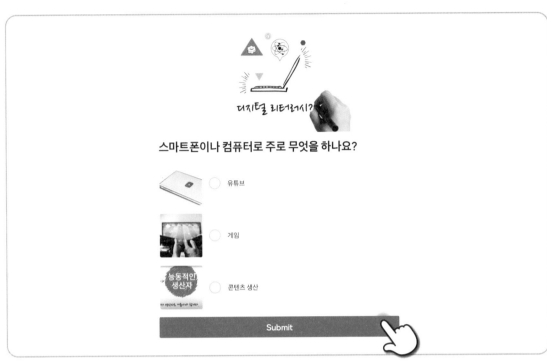

보기를 선택하고 **Submit**을 누르면 제출돼요.

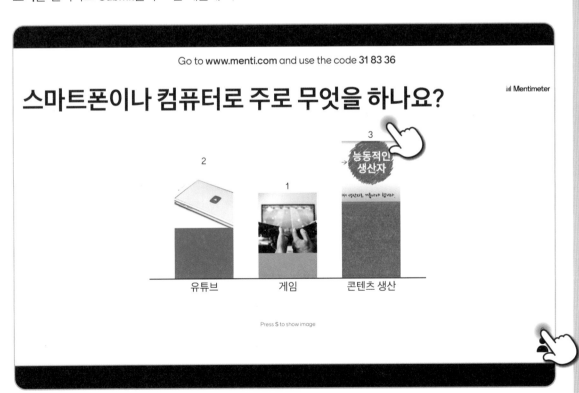

결과는 발표자 화면에 실시간으로 반영됩니다. 오른쪽 아래를 보면 몇 명이 참여했는지 알 수 있어요.

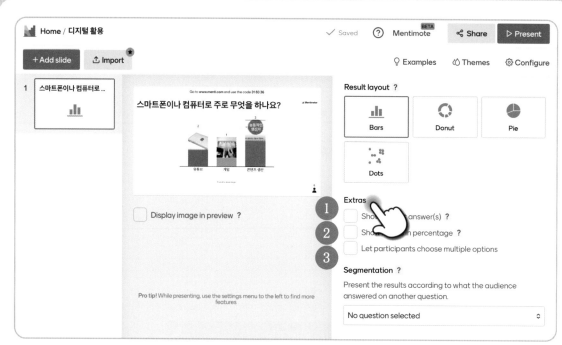

Content의 Extras입니다.

① **Show correct answer(s)** 정답이 있는 경우, Slide 실행 시 Enter키를 누르면 정답을 보여줘요.

② **Show results in percentage** 각 Option의 참여자 비율을 보여줘요.

③ **Let participants choose multiple options** 참여자가 선택할 수 있는 options의 개수를 설정해요.

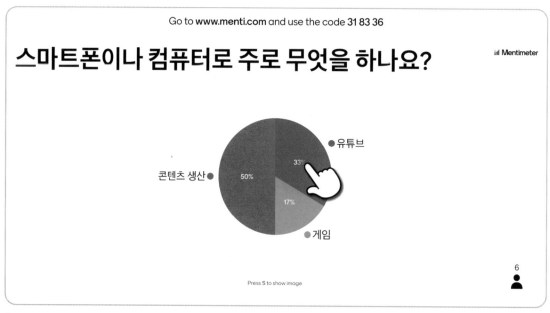

Show results in percentage에 체크 표시를 한 **Pie Result layout** 화면이에요. 도표 안의 숫자가 %로 표시되어 있어요.

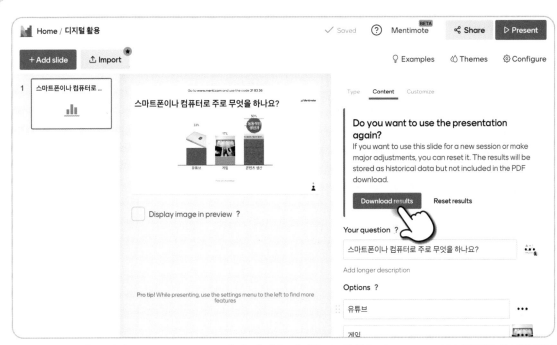

Presentation이 끝나면 **Download results**에서 결과를 저장할 수 있어요. **Reset result**로 결과를 초기화하고 재사용할 수도 있어요.

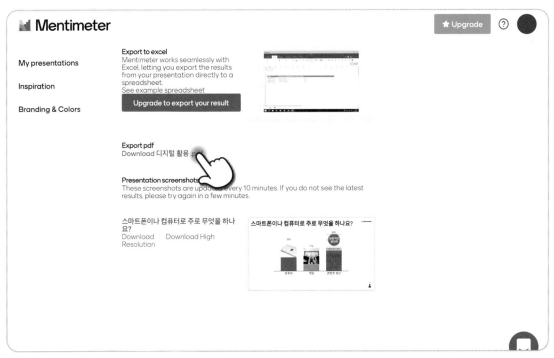

Download results입니다. 결과 화면을 **pdf**로 다운로드하거나 이미지 파일로 저장할 수 있어요. spreadsheet 저장은 유료 회원인 경우에만 가능해요.

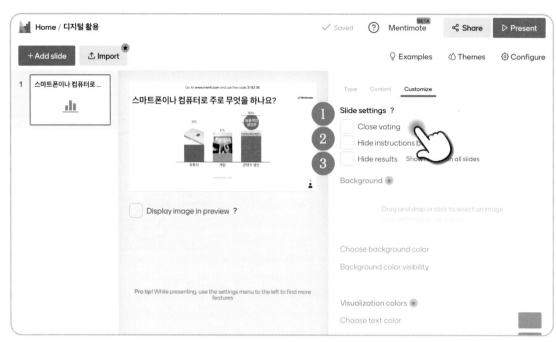

Customize입니다. 별표 메뉴는 유료 회원인 경우에 사용할 수 있어요.

① Closing voting 설문이 더 이상 필요 없을 때 Slide를 닫아요.

② Hide Instructions code를 보여 주지 않아요.

③ Hide results 실시간 결과를 보여 주지 않아요.

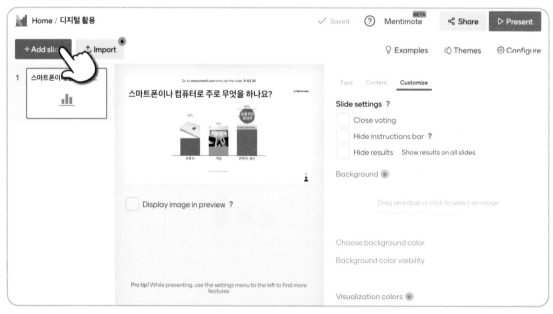

+ Add slide를 클릭하면 Slide를 추가할 수 있어요. 무료 회원은 한 Presentation에 2개의 Slide만 사용할 수 있어요.

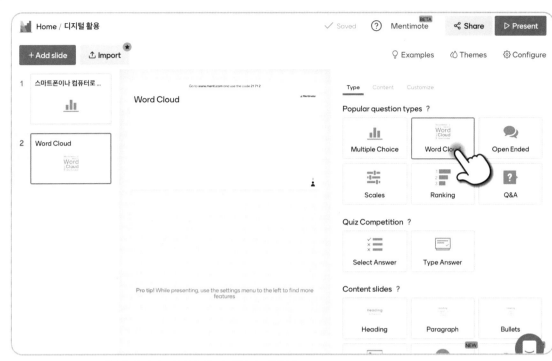

Word Cloud Type은 참여자가 자유롭게 답변할 수 있어요.

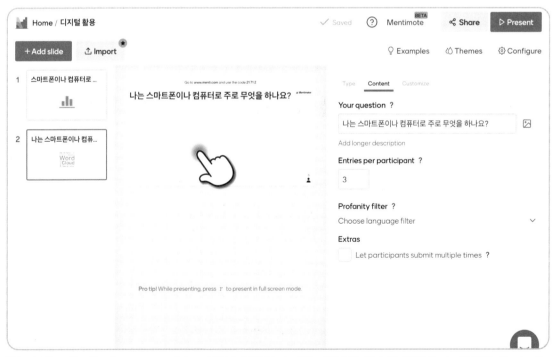

Word Cloud는 **Entries per participant**에서 입력할 수 있는 답변의 개수를 지정할 수 있어요. **Profanity filter**는 비속어 등의 적절하지 않은 답변을 걸러줘요. **Extras**에 체크 표시를 하면 여러 번 답변할 수 있어요.

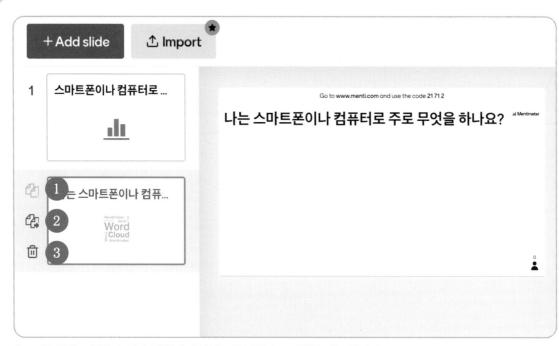

Slide를 드래그하면 순서를 바꿀 수 있어요. 추가된 Slide 편집 메뉴입니다.

① **현재 문서에 복사** Slide를 현재 Presentation에 복사해요.

② **다른 문서에 복사** Slide를 다른 Presentation에 복사해요.

③ **슬라이드 삭제** Slide를 삭제해요.

Go to www.menti.com and use the code 31 83 36

나는 스마트폰이나 컴퓨터로 주로 무엇을 하나요?   📊 Mentimeter

디지털 작곡   유튜브

인공지능 드로잉

게임   디지털 캠페인

2 👤

참여자가 답변을 제출하면 발표자 화면에 답변이 이와 같이 보여요.

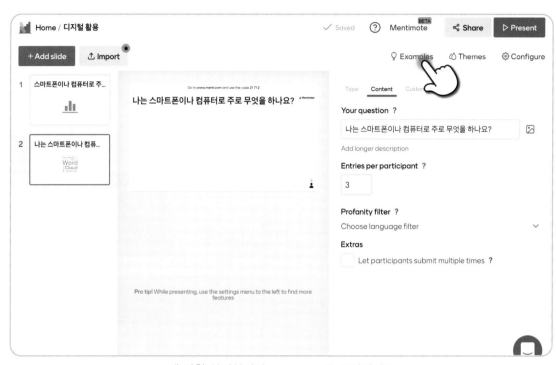

Examples, Themes, Configure에 관한 설명입니다. **Examples**를 클릭하세요.

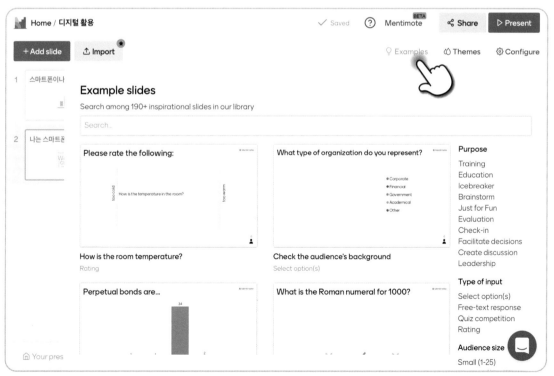

Examples에서는 목적과 타입에 따라 다양한 예시를 볼 수 있어요. 예시를 Slide로 추가할 수도 있어요.

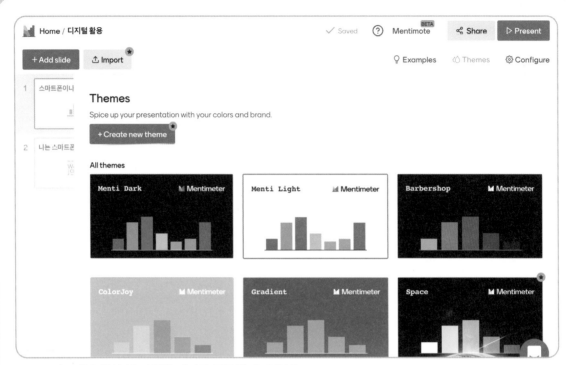

Themes는 배경 색상 등 다양한 테마를 적용할 수 있어요.

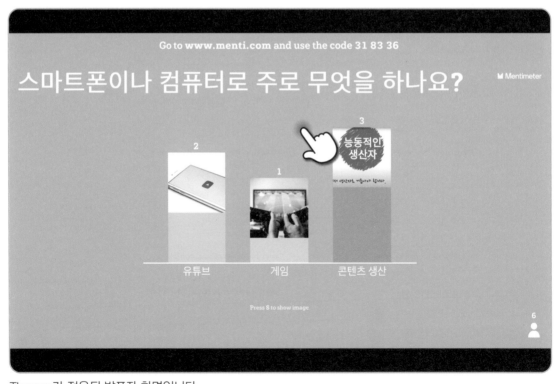

Themes가 적용된 발표자 화면입니다.

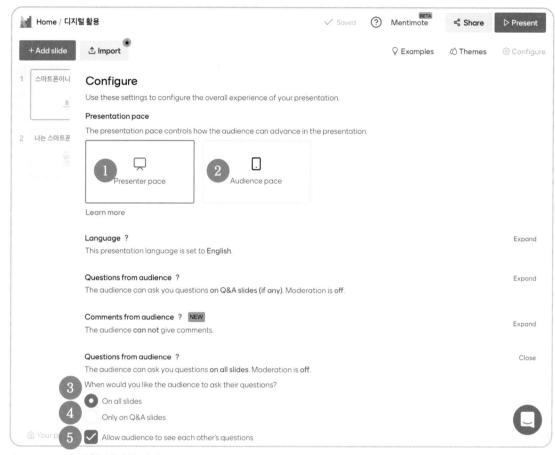

Configure에 관한 설명입니다.

① **Presenter pace**는 slide가 여러 장일 경우 발표자가 다음 Slide로 넘기지 않으면 진행되지 않아요.

② **Audience pace**는 참여자가 **submit**을 클릭하면 다음 Slide로 진행됩니다.

Questions from audience는 참여자가 발표자에게 질문할 수 있는 기능이에요.

③ **On all slides** 발표자의 각 Slide마다 질문할 수 있어요.

④ **Only on Q&A slides** 발표자가 Q&A Slide Type을 제공하고, 참여자는 Q&A Slide에 질문을 입력할 수 있어요.

⑤ **Allow audience to see each other's questions** 체크 표시를 하면 다른 참여자의 질문을 볼 수 있어요.

참여자 화면 아래에 **Ask a question** 버튼이 생겼어요. 버튼을 클릭하면 본 슬라이드에서 궁금한 질문을 입력할 수 있어요. 수업 후 수업에 대한 이해도를 조사하거나 단원 평가 퀴즈를 진행할 때 유용하게 활용할 수 있어요. 발표자가 예상 질문을 입력하는 형태로 이용해도 됩니다.

질문을 입력한 후 **Submit**을 클릭하면 발표자 화면에서 볼 수 있어요. 다른 참여자의 질문을 함께 볼 수 있고, 질문 옆의 손가락 버튼을 클릭하면 관심도가 숫자로 표시돼요.

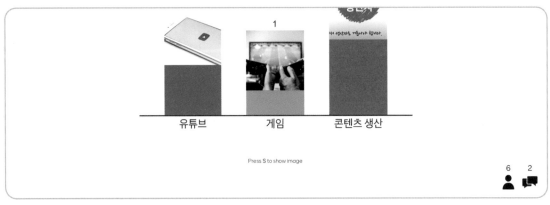

발표자 화면의 오른쪽 아래에 질문의 개수가 표시됩니다. 🗨 아이콘을 클릭하세요.

전체 질문 중 몇 번째 질문인지 확인할 수 있어요. **Mark as answered**를 클릭하면 답변한 것으로 체크되어 질문 리스트에서 삭제되고, 전체 질문 개수도 줄어들어요. 아래의 ∨를 클릭하면 다음 질문으로 이동해요.

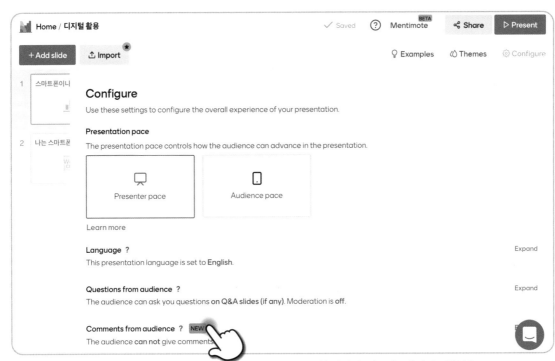

Configure의 Comments from audience에 체크 표시를 하면 참여자가 댓글을 남길 수 있어요.

Comments from audience에 체크 표시된 참여자 화면입니다. 이모티콘을 포함한 댓글을 남겨 보세요.

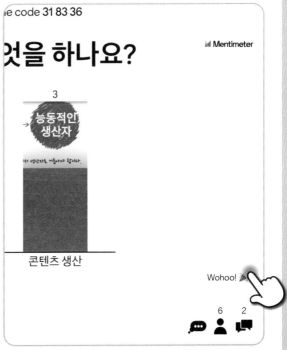

발표자 화면에 참여자의 댓글이 보여요. 댓글은 저장 되지 않고 사라집니다.

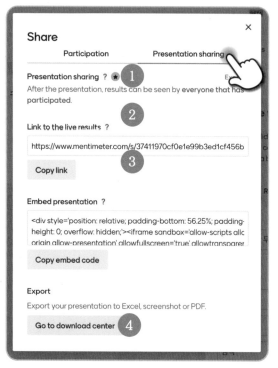

Share 기능의 Participation입니다.

① **Audience access** Presentation을 종료할 수 있어요.

② **Digit code** 현재 code의 유효 기간을 설정해요.

③ **Voting link** 링크를 공유해요.

④ **QR Code** QR코드를 다운로드할 수 있어요.

Presentation sharing입니다.

① **Presentation sharing** 유료 회원인 경우, 참여자에게 결과를 공유할 수 있어요.

② **Link to the live results** 결과 공유 링크에요.

③ **Embed presentation** embed code를 제공해요.

④ **Export** 결과를 저장할 수 있어요.

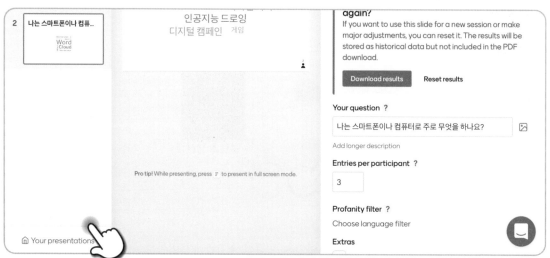

Your presentations를 클릭하면 My presentation으로 이동해요.

더 보기 메뉴입니다.
① **Present** 발표를 시작해요.
② **Open Mentimote** 기기를 리모컨처럼 사용할 수 있어요.
③ **Export results** 결과를 저장해요.
④ **Share voting link** 공유 링크나 QR코드를 제공해요.
⑤ **Rename presentation** 제목을 수정할 수 있어요.
⑥ **Move to folder** 다른 폴더로 이동할 수 있어요.
⑦ **Duplicate** 복제할 수 있어요.
⑧ **Delete** 삭제할 수 있어요.

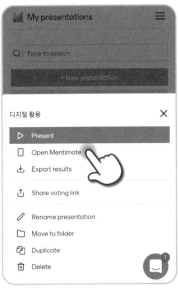

Mentimote 기능입니다. 발표용 기기에서 **Present**를 클릭해 주세요. 스마트폰에서 mentimeter.com에 로그인하고 **Open Mentimote**를 클릭하면 프레젠테이션을 원격으로 컨트롤할 수 있어요.
Mentimote에서 질문 Type에 맞는 컨트롤 메뉴를 볼 수 있어요. 위에서 실시간 결과 보여 주기, Presentation 종료하기, 질문의 그림 보여 주기, 결과를 %로 보여 주기 등을 선택할 수 있어요. Q&A도 확인할 수 있지요.
Handle responses를 클릭하면 답변 리스트가 보이고 **Remove**를 누르면 해당 답변을 삭제할 수 있어요.

Teaching 꿀팁!

경청은 소통의 시작! 건강한 피드백은 모두에게 성장, 발전할 수 있는 기회를 줍니다. 학생들이 발표를 하면, 발표자에게 도움이 되는 피드백을 나누는 것이 왜 중요한지 알려 주세요. 피드백을 겸허하게 받아들이고, 수정할 부분이 있다면 개선하며 발전할 수 있도록 해주세요.

스마트폰을 웹캠으로, 아이브이캠!

아이브이캠은 컴퓨터나 노트북으로 화상 수업을 할 때 스마트폰 또는 패드의 카메라를 웹캠으로 대신 사용할 수 있도록 해 주는 도구입니다. 일반적으로 스마트폰과 패드의 카메라가 노트북 카메라보다 좋기 때문에 인물이 훤하게 살죠. 원격 수업을 위해 군이 웹캠을 구입하지 않아도 돼요. 아이브이캠을 사용하기 위해서는 PC와 스마트폰 또는 패드에 아이브이캠 프로그램이 설치되어 있어야 합니다. PC용 프로그램은 e2esoft.com에서 다운로드할 수 있고, 스마트폰과 패드는 구글 플레이 스토어 또는 앱스토어에서 무료로 다운로드할 수 있어요. 유선과 무선 모두 연결 가능하지만, PC는 윈도우만 지원해요.

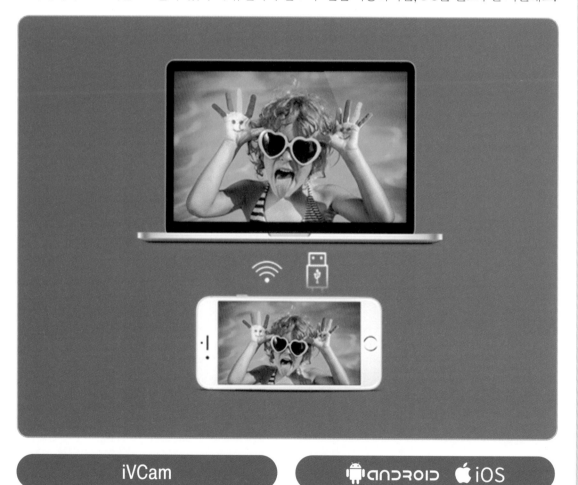

<table>
<tr><td>iVCam</td><td>ANDROID iOS</td></tr>
</table>

https://www.e2esoft.com/ivcam에서 윈도우용 프로그램을 다운로드해 설치한 후 실행해 주세요.

스마트폰 또는 패드 앱스토어에 'iVCam'을 검색하세요. 아이브이캠 앱을 다운로드해 설치해 주세요.

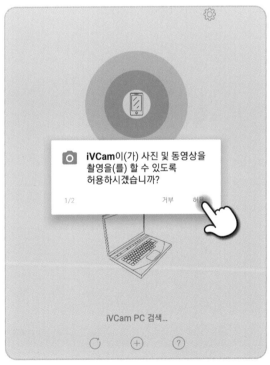

아이브이캠 앱을 실행하세요. 앱이 카메라와 마이크를 사용할 수 있도록 허용해 주세요.

PC와 스마트 기기 연결을 설정해 주세요.

① **비디오 방향** 가로와 세로 방향을 설정할 수 있어요.

② **비디오 크기** 비디오 화면의 크기를 설정할 수 있어요. 스마트 기기에 따라 지원하는 크기가 다를 수 있어요.

③ **비디오 프레임** 비디오 프레임을 설정할 수 있어요.

④ **비디오 품질** 네트워크 환경에 따라 화면 품질을 낮음, 중간, 높음으로 설정할 수 있어요.

⑤ **비디오 인코더** H264, HEVC 둘 중 하나의 인코더를 선택할 수 있어요.

⑥ **플리커 현상 감소** 화면 떨림 현상을 설정할 수 있어요.

⑦ **오디오 사용** 연결 시 오디오 사용을 설정할 수 있어요.

⑧ **야간 모드** 야간 모드를 설정할 수 있어요.

⑨ **언어** 지원하는 언어를 확인하고 변경할 수 있어요.

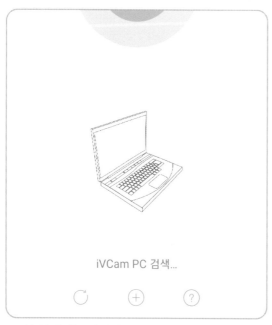

PC와 연결하는 방법에는 두 가지가 있어요.

무선 연결 PC와 스마트기기를 동일한 와이파이(Wi-Fi)로 연결해 주세요.

유선 연결 와이파이 연결이 불가능한 경우, 정품 케이블을 PC와 스마트 기기에 연결해 주세요.

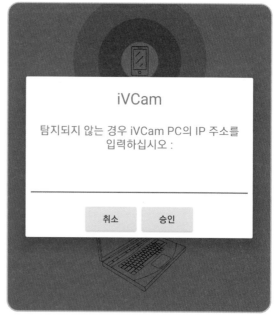

만약 PC와 스마트 기기가 잘 연결되지 않는다면 기기의 아래에 있는 ⊕ 버튼을 클릭하여 PC의 IP 주소를 입력해 주세요.

IP 주소는 '네이버 검색창'에서 'IP 주소 확인'을 입력하면 'IP주소 조회' 박스에서 확인할 수 있습니다.

PC와 스마트 기기가 연결되었어요. 연결된 화면을 캡처하거나 녹화할 수 있어요.

PC 화면에서 노출과 ISO 값을 적당하게 조절할 수 있어요. 자동노출(AE), 자동초점(AF), 자동 화이트 밸런스를 설정할 수 있어요. 플래시, 보정, 상하 반전, 좌우 반전, 카메라 전환, 화면 끄기 기능도 제어할 수 있답니다.

스마트 기기 화면에서도 네트워크 상태를 확인하여 PC와 연결 상태를 체크할 수 있어요. 플래시, 보정, 좌우 반전, 스마트 기기 전면/후면 카메라 전환, 연결 끊기, 캡처, 녹화 기능을 제어할 수 있어요.

Teaching 꿀팁!

효과적인 화상 수업을 위해 아이컨택은 매우 중요해요. 가정에 PC가 있어도 웹캠이 없어서 스마트폰으로 접속하여 수업에 참여하는 경우가 많죠. 화상 수업은 '비접촉'이지만 '대면'이어야만 효과가 있기 때문에 PC가 있어도 대면을 위해 스마트폰으로 접속해야 하는 거예요. 그런데 스마트 기기를 이용하여 화상 수업에 참여하면, 멀티 화면이 지원되지 않기 때문에 불편한 점이 많습니다. 이럴 때 아이브이캠을 사용하여 스마트폰을 웹캠으로 사용하면 매우 유용합니다. 특히 아이브이캠은 유선으로도 연결할 수 있기 때문에 와이파이를 지원하지 않는 환경에서도 사용할 수 있습니다. 이때 유선 케이블은 전원만 공급하는 충전 케이블을 이용하면 안 됩니다. 데이터도 전송할 수 있는 정품 케이블이어야 하지요. 화상 수업에서는 자신의 얼굴을 보여 주고 눈을 마주치며, 음소거를 하지 않아도 되는 조용한 환경에서 참여하는 것이 예의라는 것을 지도해 주세요. 학습 내용이 잘 전달되도록 하기 위해서는 학습 태도가 중요합니다.

스마트폰 화면을 데스크톱 화면 속으로, 스크린카피!

요즘처럼 스마트 기기 사용량이 늘어난 상황에서는 스마트 기기를 미러링할 일도 많습니다. 특히, 원격 수업을 할 때 PC, 스마트패드, 스마트폰 등 학생마다 사용하는 기기가 다를 경우, 학생의 접속 기기마다 환경이 달라 소통이 어렵습니다. 이때 각 기기를 미러링하여 학생들에게 보여 주면서 설명한다면 훨씬 이해하기 쉽겠죠. 스마트 기기를 미러링하는 장비와 소프트웨어는 많지만, 무료이면서 안정적인 도구는 많지 않습니다. 스크린카피는 USB로 PC와 스마트 기기를 연결할 수 있어서 인터넷이 연결되어 있지 않거나 같은 와이파이 환경이 아니어도 미러링이 가능합니다.

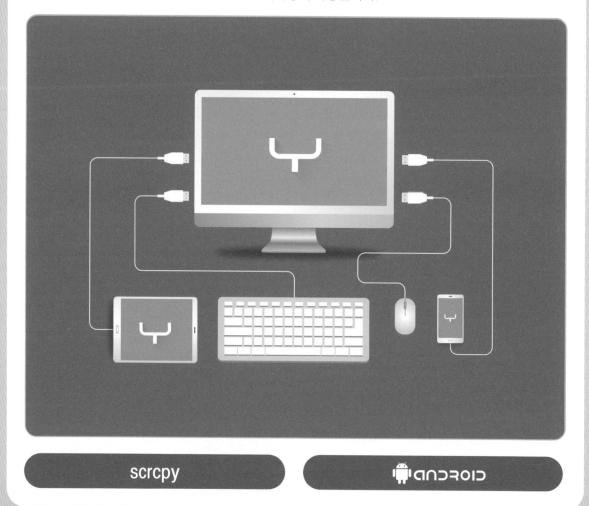

scrcpy   android

크롬 브라우저에서 scrcpy를 검색하고, **Genymobile** 사이트를 클릭하세요.

Windows

For Windows, for simplicity, a prebuilt archive with all the dependencies (including `adb`) is available:

- `scrcpy-win64-v1.16.`
  (SHA-256:
  3f30dc5db1a2f95c2b40a0f5de91ec1642d9f53799250a8c529bc882bc0918f0)

It is also available in Chocolatey:

```
choco install scrcpy
choco install adb     # if you don't have it yet
```

And in Scoop:

```
scoop install scrcpy
scoop install adb     # if you don't have it yet
```

You can also build the app manually.

Windows의 zip 파일을 다운로드합니다.

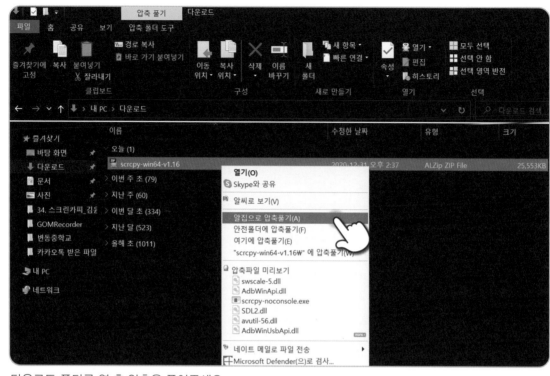

다운로드 폴더를 연 후 압축을 풀어주세요.

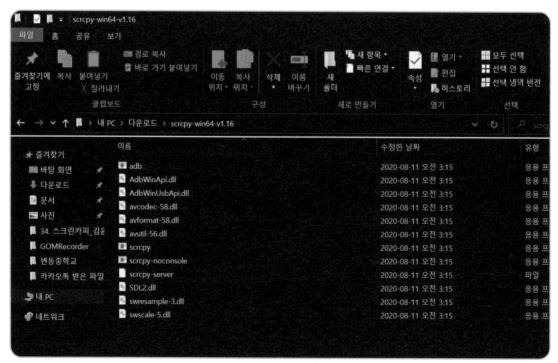

압축 해제한 폴더를 열어 두고 스마트폰 또는 스마트패드 설정을 합니다.

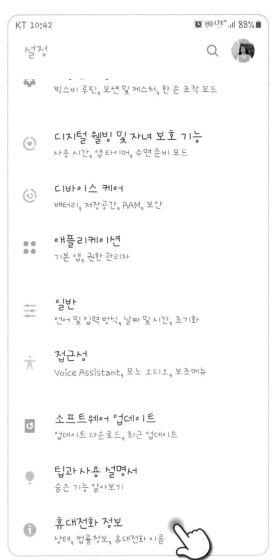
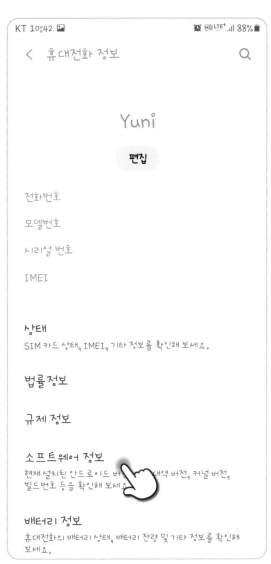

스마트폰 또는 스마트패드 설정에서 휴대전화 정보에 있는 소프트웨어 정보를 선택하세요.

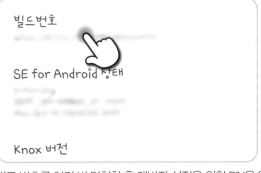

빌드 번호를 여러 번 터치한 후 개발자 설정을 위한 PIN을 입력하는 화면이 보이면 PIN을 입력한 후 **완료**를 선택하세요.

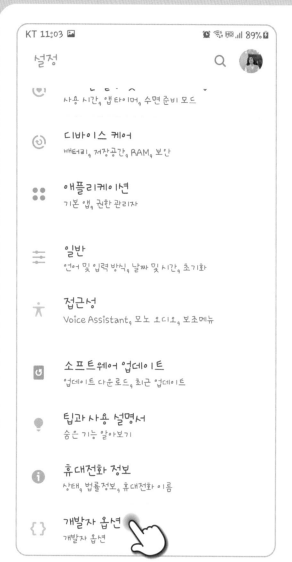

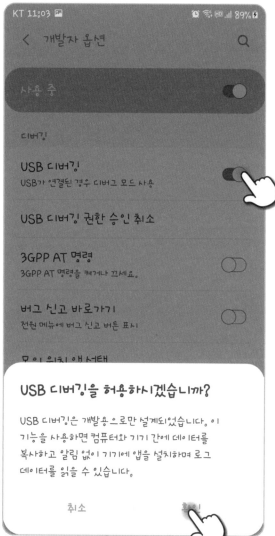

다시 설정으로 나와 개발자 옵션을 선택한 후 개발자 옵션의 USB 디버깅을 활성화하고 **확인**을 선택합니다.

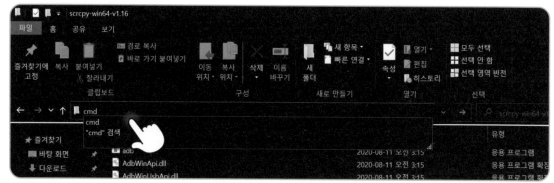

컴퓨터에서 압축 해제한 폴더의 주소창을 클릭한 후 **cmd**를 입력하세요.

cmd(명령 프롬프트) 창에서 깜빡이는 커서에 **adb devices**를 입력합니다. 컴퓨터와 스마트폰 또는 스마트패드를 USB로 연결하고 다시 **adb devices**를 입력한 후 **scrcpy**를 입력하세요.

스마트폰이 노트북에 미러링되었네요.

Teaching 꿀팁!

스마트 기기를 미러링하려면 반드시 PC와 스마트 기기를 먼저 연결한 후에 스크린카피를 실행해 주세요. 만약 같은 와이파이 환경에서 사용할 수 있다면, iOS용으로는 론리스크린(Lonely Screen), Android용으로는 삼성플로우(Samsung Flow)를 사용할 수 있어요.

스마트한 원격수업

2021. 2. 22. 1판 1쇄 인쇄
2021. 3. 3. 1판 1쇄 발행

지은이 │ 권세윤, 김미진, 신혜진, 김미경, 주혜정, 김윤이, 김묘은, 박일준
펴낸이 │ 이종춘
펴낸곳 │ [BM] ㈜도서출판 **성안당**
주소 │ 04032 서울시 마포구 양화로 127 첨단빌딩 3층(출판기획 R&D 센터)
      10881 경기도 파주시 문발로 112 파주 출판 문화도시(제작 및 물류)
전화 │ 02) 3142-0036
      031) 950-6300
팩스 │ 031) 955-0510
등록 │ 1973. 2. 1. 제406-2005-000046호
출판사 홈페이지 │ **www.cyber.co.kr**
ISBN │ 978-89-315-5668-1 (13500)
정가 │ **20,000원**

이 책을 만든 사람들
책임 │ 최옥현
진행 │ 최창동
교정·교열 │ 안종군
본문·표지 디자인 │ (사)디지털리터러시교육협회
홍보 │ 김계향, 유미나
국제부 │ 이선민, 조혜란, 김혜숙
마케팅 │ 구본철, 차정욱, 나진호, 이동후, 강호묵
마케팅 지원 │ 장상범, 박지연
제작 │ 김유석

■ **도서 A/S 안내**

성안당에서 발행하는 모든 도서는 저자와 출판사, 그리고 독자가 함께 만들어 나갑니다.
좋은 책을 펴내기 위해 많은 노력을 기울이고 있습니다. 혹시라도 내용상의 오류나 오탈자 등이 발견되면 **"좋은 책은 나라의 보배"**로서 우리 모두가 함께 만들어 간다는 마음으로 연락주시기 바랍니다. 수정 보완하여 더 나은 책이 되도록 최선을 다하겠습니다.
성안당은 늘 독자 여러분들의 소중한 의견을 기다리고 있습니다. 좋은 의견을 보내주시는 분께는 성안당 쇼핑몰의 포인트(3,000포인트)를 적립해 드립니다.
잘못 만들어진 책이나 부록 등이 파손된 경우에는 교환해 드립니다.